人工智能基础

U0204633

〔英〕凯文·沃里克（Kevin Warwick） 著

王 希 译

北京大学出版社
PEKING UNIVERSITY PRESS

著作权合同登记号 图字：01-2019-1658

图书在版编目（CIP）数据

人工智能基础 /（英）凯文·沃里克著；王希译. —北京：北京大学出版社，
2021.3
ISBN 978-7-301-31958-1

Ⅰ.①人… Ⅱ.①凯… ②王… Ⅲ.①人工智能－基本知识 Ⅳ.①TP18

中国版本图书馆 CIP 数据核字（2021）第 001674 号

书 名	人工智能基础	
	RENGONG ZHINENG JICHU	
著作责任者	〔英〕凯文·沃里克（Kevin Warwick）著 王 希 译	
责 任 编 辑	赵晴雪	
标 准 书 号	ISBN 978-7-301-31958-1	
出 版 发 行	北京大学出版社	
地 址	北京市海淀区成府路 205 号 100871	
网 址	http://www.pup.cn 新浪微博：@北京大学出版社	
电 子 信 箱	zpup@pup.cn	
电 话	邮购部 010-62752015 发行部 010-62750672	
	编辑部 010-62752021	
印 刷 者	大厂回族自治县彩虹印刷有限公司	
经 销 者	新华书店	
	650 毫米 ×980 毫米 16 开本 16 印张 162 千字	
	2021 年 3 月第 1 版 2021 年 3 月第 1 次印刷	
定 价	48.00 元	

序
PREFACE

    人工智能（artificial intelligence，AI）这一领域是在大约 20 世纪 40—50 年代，随着计算机的诞生而真正出现的。在其发展的早期，人们主要将注意力集中在如何让计算机像人一样，做那些可以体现人类智能的事情。本质上，就是努力让计算机在部分或者所有方面复制人类的行为。到了 20 世纪 60 年代和 70 年代，这还引发了一场哲学讨论：究竟计算机能在多大程度上接近人类大脑，两者之间存在的差异是不是真的重要。这个时期——在本书中被称为"经典人工智能"——的发展潜力是相当有限的。

    20 世纪 80 年代和 90 年代出现了全新的研究方法，自下而上（bottom-up）地解决问题，有效构建了人工大脑来实现人工智能。这就开启了各种可能性，并由此产生了一系列新的问题。人工智能不再仅仅局限于复制人类智能——现在它可以有自己特有的智能化方式。在某些场景里，人工智能仍然可以通过模仿人类大脑来工作，但现在它有了潜力可以做得更大、更快、更好。由此得出的哲学推论是，人工大脑有机会表现得比人类大脑更优秀。

    近些年，这一领域迎来了飞跃式发展。人工智能在现实世界的应用里，特别是在金融业、制造业以及军事领域，展现出了人类大脑无法匹敌的能力。人工大脑现在有了自己的身体，这让它们可以用自己的方式理解世界、徜徉其中，并在它们觉得合适的时候加以改变。人工大脑被赋予了学习、适应以及实现相关人类愿望的能力。这也给未来提出了各种各样的问题。

本书希望可以用真正新颖的、现代的眼光对人工智能领域进行一次整体概览。经典人工智能（classical AI）当然是要介绍的，但只作为全书的一部分。现代人工智能（modern AI）也值得用同样多的篇幅进行探讨。同时本书也将涉及一些前沿研究，包括具身化人工智能（embodied AI）以及发展中的生物人工智能（biological AI）。

本书的目的是为读者提供一份好读的入门导览，以帮助读者了解今天的人工智能领域——它从何处来、能发展到何处去。主要目标是向对这个话题毫无了解的读者进行介绍。当然，已经在从事科技甚至是计算机行业相关工作的读者，也可以通过本书来了解人工智能的最新发展情况。

在成书过程中，我得到了很多人的帮助，在此一并致谢。尤其要感谢我在英国雷丁大学（University of Reading）的同事们和研究生，特别是马克·加森（Mark Gasson），本·赫特（Ben Hutt），伊恩·古德林（Iain Goodhew），吉姆·怀亚特（Jim Wyatt），胡玛·沙哈（Huma Shah）和卡萝尔·莱帕德（Carole Leppard），他们每个人都在我前面提到的工作中做出了重要贡献。我还想感谢泰勒-弗朗西斯出版集团的安迪·汉弗莱斯（Andy Humphries），虽然我在日程上有各种冲突，但他还是督促我完成了这本书。最后，我想感谢我的妻子伊雷娜（Irena），为她的耐心，以及我的孩子们，马迪（Maddi）和詹姆斯（James），为他们提出的批评意见。

凯文·沃里克

2011 年 1 月，于英国雷丁

目 录
CONTENTS

绪论

内容提要

在这个开篇章节里，我们将简单概括本书的内容、目标以及潜 [1]
在读者。我们还将一瞥人工智能领域多年来的发展情况，例如我们
会提到这一领域的关键推动者、重要议题以及重大进展。希望本章
内容可以帮助对这个主题毫无了解的读者入门。已经熟悉人工智能
的读者可以跳过本章，但说不定也能从中获得一些启发或有用的
信息。

引言

本书的定位是人工智能领域的入门级教科书，为计算机科学、
工程、控制等专业的学生提供第一门课程的学习材料。本书也可以

充当背景资料或者参考书，供有兴趣的学生，特别是学习其他理工类学科的学生使用。本书还是一本好用的"敲门砖"，适合希望对这个领域进行初步了解的中学生或者普通读者阅读。

人工智能在近几年的发展非常迅猛，本书希望可以用现代的视角对此进行介绍。经典人工智能技术当然也会涉及，但相对有限——我们的目标是既包罗万象，又与时俱进。

本书的内容涵盖了人工智能的各个方面，包括哲学、技术和基础方法。虽然给出了人工智能编程的基本框架，但本书并不会涉及真实程序的细节，这也避免了陷入不同程序设计语言差异的泥沼。我们的主要目的是对人工智能进行全面概述——作为一本基础指南，我们不会对任何特定主题讲得过深。但我们同时也会给出延伸阅读的参考资料，方便读者对有兴趣的特定领域进行更深入地了解。

虽然本书只是面向广大读者提供概览，但我还是按照严格的学术规范编写。有些书是专门写给孩子们看的，趣味盎然——本书不属于这一类。

[2]

人工智能的早期历史

计算机的发展和人工智能的出现有着紧密的联系，但人工智能的种子早在现代计算机发展以前就已被播下。笛卡儿等哲学家从机器性能的角度理解动物，把它们当成自动机（automatons），这是现代类人机器人的雏形。人造生命的想法还可以追溯到更久远的过去，犹太人有创造布拉格泥人（Prague Golem）的传说；在更早的希腊神话里，皮格马利翁爱上了自己创作的雕像加拉提亚（Galatea），爱神被他的深情感动，最终赐予了雕像生命。

最直接的灵感可能来自 1943 年麦卡洛克（McCulloch）和皮茨（Pitts）的工作，他们基于对生物起源的详尽分析，描述了大脑神经元（脑细胞）的数学模型（被称为感知器，perceptron）。他们指出，神经元只会处于两种状态之一：触发（fire）或者不触发（相当于"打开"或者"关闭"），因此是以开关二进制形式运转。他们还同时展示了神经元如何学习，从而如何随着时间变化而改变它们的行为。

也许这个领域最伟大的先驱之一是英国科学家阿兰·图灵（Alan Turing）。在 20 世纪 50 年代（远早于当代计算机的出现），图灵就写了一篇影响深远的论文来尝试解答一个问题："机器能思考吗？"在当时，提出问题本身就已经算是革命性的突破，而他还设计了切实可行的测试方案（也就是现在广为人知的图灵测试，Turing Test）来回答问题，这可是下了一道战书。我们将在第 3 章对图灵测试进行详细介绍。

在那之后不久，马文·明斯基（Marvin Minsky）和迪恩·埃 [3] 德蒙兹（Dean Edmonds）基于麦卡洛克和皮茨的神经元网络模型建造了第一台人工智能计算机。与此同时，克劳德·香农（Claude

Shannon）在思考计算机能不能下象棋，并开始研究需要用什么样的策略来决定下一步如何落子。1956 年，由约翰·麦卡锡（John McCarthy）倡议，明斯基和香农在美国达特茅斯学院共同发起了第一次工作坊，研究者们聚到一起，庆祝人工智能这一全新研究领域的诞生。后来的很多经典奠基理论就是在这里首先提出的。

人工智能发展中期

纽厄尔（Newell）和西蒙（Simon）的通用问题求解器（General Problem Solver）或许是本领域在 20 世纪 60 年代最杰出的贡献。这是个多用途的程序，设计目的是使用计算机来模拟人类解决问题的一些方法。遗憾的是，他们采用的技术不是特别高效，即使相对简单的实际问题也需要消耗大量时间，同时内存需求也很高，这使得该项目最终流产。

这一时期还有一项具有重大意义的贡献是由卢特菲·扎德（Lotfi Zadeh）做出的，他引入了模糊集（fuzzy sets）与系统的概念——计算机并非只能以非零即一的二进制逻辑格式来运行，它也可以像人类一样以一种"模糊"的形式工作。这项技术及其衍生品将在第 2 章进行介绍。

除了这些例子之外，20 世纪 60 年代还出现了一些盲目莽撞的言论，他们认为人工智能可以在很短时间内复制甚至是重建人类大脑的整套工作方式。事后看来，想要让计算机精确地按照人类大脑运转的方式工作，就好像想要设计一架完全按照鸟的方式飞行的飞机。在后一种情形下，我们会失掉飞机本身的一些良好特性，同样的道理，这一时期的人工智能研究也忽略了计算机本身的一些优点。

不幸的是（同时也很让人惊讶），20 世纪 60 年代的一些具有局限性的观点居然流传至今。现在的一些教科书（部分甚至伪装在现代人工智能的外衣下）仍然还只是专注于那些让计算机模仿人类智能的经典方法，完全不考虑不同形式的人工智能可以延伸到多远，可以给我们带来多少激动人心的可能——机器可以用自己的方式来展现智能，而不仅仅是复制人类的智能。 [4]

在这一时期，人们做了大量努力来使计算机理解人类语言并与其进行交流，而没有选择使用更加直接的机器码。这一方面与图灵提出的智能概念有关，另一方面也源于人们想让计算机更方便地与现实世界进行交互的渴望。

当时英语说得最好的计算机程序之一是约瑟夫·魏泽鲍姆（Joseph Weisenbaum）的 ELIZA，这可以说是最早的"聊天机器人"（Chatterbots）。即使是处在这样一个相对早的时期，它的一些对话已经足够真实，有些用户偶尔会误以为他们在与真人而不是计算机对话。

事实上，ELIZA 通常要么是给出预设答复，要么就是简单复述之前对它说的话，只是会根据一些简单的语法规则来重新组织语言。

但是实验表明，这样的行为已经足以在某种程度上复制人类的会话活动。

人工智能研究的黑暗时代

在 20 世纪 60 年代涌现出那些激动人心的成果之后，大量科研经费投到了这一领域，人们声称很快就能设计出复制人类智能的人工智能，然而事实上在 20 世纪 70 年代取得的进展有些令人失望，这一时期在各种意义上都被认为是人工智能的黑暗时代。上个十年的成功使得研究者们做出了一些过于乐观的估计，从而把期待值推到了非常高的高度，一旦没有取得预期的成果，就有很多科研经费撤出。

与此同时，神经网络（neural networks）领域——用计算机复制大脑的神经组成——由于受到马文·明斯基和西摩·佩珀特（Seymour Papert）的严厉抨击，相关科研工作几乎在一夜之间陷入停顿，他们认为感知器连相对简单的特定问题都无法解决——我们将在第 4 章提到这段历史。

我们必须意识到，在 20 世纪 70 年代，计算机的运算能力是非常有限的，因此人工智能程序的能力也受到了限制。写得最好的程序也只能解决他们想要解决的问题的简化版本；从这种意义上来说，当时的所有程序真的都只能称为"玩具"程序。

[5]

研究者们确实因为一些基础条件的限制陷入了困境，要到很久以后才能克服。其中最主要的问题就是计算机的能力有限。对于真正有用的任务而言，计算机无论是运算速度还是可用内存都远远达不到要求——我们可以看一个当时的例子，罗斯·昆兰（Ross Quillan）的自然语言（natural language）机，总共的词汇量只有 20 个！

无论如何，最关键的问题在于，人工智能需要处理的那些任务，比如让计算机用自然语言交流或是用任何类似人类的方式来理解图片的内容，即使是以非常简单、有限的程度，也需要强大的信息处理能力。总的来说，对计算机而言，识别出图片里的日常物体都可能是个难题，事实上，人类需要通过大量的背景知识才能对词汇和物体进行常识性推理（common sense reasoning）。

在 20 世纪 70 年代，除了遭遇技术上的困难，这个领域还引起了哲学家们的关注。例如约翰·塞尔（John Searle）提出了中文房间（Chinese room）问题（将在第 3 章介绍），他认为，计算机可以用中文符号进行交流并不意味着它真正"理解"了中文。他还更进一步地主张，正因为如此，我们不能认为机器在"思考"——像图灵之前假定的那样——它只是在对一些符号进行操作。

尽管很多务实的研究者们只是继续埋头工作，避免争论，一些哲学家（例如塞尔）还是强势地认为人工智能未来实际能取得的成就将非常有限。对于这些人，明斯基认为："他们有所误解，应该忽略他们的意见。"结果，研究者之间产生了不少争论，逐渐将关注的焦点从技术发展偏离到了哲学思辨，事后再看，不得不说有很多讨论都偏离了主题。

当时似乎只有约翰·麦卡锡还保持清醒，他认为人脑如何运转以及人类如何做事和人工智能并没有直接关系。他觉得真正需要的是能够解决问题的机器——不一定是思维方式和人类完全相同的计算机。但是明斯基并不赞同这个观点，他声称计算机只有像人一样思考了，才能很好地理解物体并进行交流。于是争论再次继续……

[6]

人工智能的复兴

到了 20 世纪 80 年代，人工智能有了复兴的迹象。这是由三个因素造成的：

第一，大量研究者在麦卡锡的带领下，继续从实用的角度开发人工智能系统。简单来说，他们就是埋头苦干。在这一时期，"专家系统"（expert systems）取得了发展，它被设计用来处理非常特殊的知识领域——这就可以避免由缺乏"常识"引出的争论。虽然这套系统是在 20 世纪 70 年代首先提出的，但直到 80 年代才开始在实际的工业实践中加以应用。

第二，虽然哲学讨论（也有争论）一直在继续，特别是围绕机器究竟能不能像人类一样思考这个议题开展得如火如荼，但论战完全没有波及实用人工智能工作的发展。两派人在各自独立的战场上拼杀，人工智能开发者们努力实现实用工业解决方案，并不提及计算机究竟是否应该，或者能否做到像人类一样的表现。

第三，同期机器人技术（robotics）的发展开始对人工智能研究产生影响。一种新的流派开始出现，他们坚信为了展现"真实"的智能，计算机首先要有一具身体来感知世界，并通过身体在世界中存在与活动。如果没有这样的本领，我们怎么能指望计算机可以像人一样行动？如果没有这样的能力，计算机怎么去体验常识？所以控制论的出现使得研究者们更加关注自下而上地构建人工智能，这实际上就是麦卡洛克和皮茨最早提出的方法。

现状

慢慢地，人工智能的新兴领域开始站稳脚跟。人工智能在工业上的应用越来越多，并开始推进到更广泛的领域，例如金融系统（financial systems）和军事领域。在这些领域里，人工智能不仅仅是人类操作者的替代品，很多时候，它都可以做得比人好得多。现在，人工智能在这些领域的应用越来越广泛，以至于过去靠给客户提供咨询服务赚钱的金融公司，现在靠开发和销售人工智能系统赚了更多的钱。

从 20 世纪 90 年代初开始的这段时间里，人工智能研究达到了很多里程碑，也实现了很多目标。例如 1997 年 5 月 11 日，深蓝（Deep Blue）成为第一个击败现役国际象棋选手（加里·卡斯帕罗夫，Garry

[7]

Kasparov）的计算机棋类博弈系统，比的可是卡斯帕罗夫占据统治地位的项目。2002 年 3 月 14 日，凯文·沃里克（本书作者）首次成功地将人类神经系统直接与计算机连接到一起，实现了人工智能的一种新型组合形式——稍后将会详述。2005 年 10 月 8 日，斯坦福大学的一台机器人沿着从未彩排过的沙漠小径自主行驶了 131 英里[*]，从而在无人驾驶机器人挑战赛（DARPA Grand Challenge）中获胜。2009 年，蓝色大脑（Blue Brain）项目团队宣布他们已经成功模拟了老鼠大脑皮层的一部分。

上面提到的这些进展，绝大部分并不是基于什么新发明的技术，而是利用现有的技术去突破极限。事实上，深蓝作为一套计算机程序，其运算速度是 1951 年学习下象棋的费兰蒂（Ferranti）计算机系统的千万倍。计算机性能年复一年持续地显著增长，摩尔定律（Moore's law）对此进行了跟踪和预测。

摩尔定律指出，计算机的运算速度和内存容量每两年就会增加一倍。这意味着人工智能系统早期面临的那些问题很快得到了解决。有意思的是，每一年都能在报纸上看到一些声称摩尔定律将因为尺寸、散热、成本等限制因素很快失效的说法。然而，每年新的技术进步都意味着可用的计算能力在翻倍增长，摩尔定律持续有效。

---

[*]　1 英里 =1609.34 米，全书同。——编者

在此基础上，这一时期还出现了关于人工智能的新奇思路，例如"智能体"（intelligent agents）方法。这是一种模块化的方法，可以说在某种程度上模拟了大脑的工作方式——汇集不同的专家智能 [8] 体来解决各个问题，就好像大脑的不同区域在不同情境下被调用。这也贴合了计算机科学的设计方法，不同程序与不同的对象或者模块相关联——根据需要将合适的对象组合到一起。

一个智能体远不止一段程序。它本身就是一个系统，因为它必须能够理解所处环境，并采取行动来最大化获得成功的机会。虽然说形式最简单的智能体确实就只是解决特定问题的程序，但这种智能体也可能是独立的机器人或机器系统，自主地进行操作。

在第 4 章中将会介绍，除了智能体，人工智能领域在这一时期还涌现了很多新方法。其中有一些很明显更偏向数学，比如概率论与决策论。同时，神经网络，还有遗传算法等来自进化论的概念也产生了越来越大的影响。

当然，直到计算机能完成（通常还是更高效地完成）某个特定行为，这一行为才会被解读成智能行为（对于人类或者动物而言）。还有一种情况是人工智能的很多新发展在更广泛的应用中找到了方向。在这种情况下，它们往往失去了"人工智能"这个标签。在数据挖掘、语音识别以及银行部门现在进行的很多决策中都可以找到这方面的典型事例。这种情况下的人工智能仅被看作是计算机程序的一部分。

无线技术的出现

无线技术（wireless technology）是 20 世纪 90 年代出现的关键技术之一，随着互联网的普及，它被当成计算机之间进行通信的一种手段。从人工智能的角度来看，这彻底改变了游戏规则。在那之前，计算机是一台孤立的机器，其性能可以直接类比一个独立的人类大脑——正常配置。随着联网的计算机随处可见，与单独考虑每一台计算机相比，我们有必要将整个网络看成是一个广泛分布的大型智能大脑——这被称为分布式智能。

[9]

无线技术使连通性（connectivity）成为人工智能相对人类智能的一项巨大优势，后者目前还处于单机模式。最初这主要是一种计算机之间快速通信的手段。但是很快地，大量内容在网络上扩散，专业知识开始蔓延，信息自由、快速地流动。这改变了人类对安全与隐私的看法，也改变了人类交流的主要方式。

哈尔 9000

1968 年，阿瑟·C. 克拉克（Arthur C. Clarke）写了《2001 太空漫游》，随后被斯坦利·库布里克（Stanley Kubrick）拍成同名电影。故事里有个角色——哈尔 9000（HAL 9000）。哈尔是一个智力与人类相当或比人类更高的机器。确实，它 / 他也表现出了人类的有意义的情感以及哲学特质。虽然哈尔只是一台虚构的机器，但也成为人工智能领域想要达到的一块里程碑。在 20 世纪 60 年代末，很多人相信这样的人工智能形式在 2001 年以前就能出现——尤其是哈尔就是基于当时的科学水平而设想的。

很多人会问，为什么到 2001 年我们还没能拥有哈尔那样的机器，或者至少是某种近似版本。明斯基抱怨说，人们在工业计算上投入了太多时间，而忽略了对常识等问题的基本理解。类似地，也有其他人抱怨说，人工智能研究都集中在像感知器这样的简单神经元模型上，没有去想办法得到与原始人脑细胞更接近的模型。

也许上面提到的这些都解释了为什么哈尔直到 2001 年都没出现，也许还有更多原因。我们就是没法集中精力去实现这种形式的人工智能。没人愿意为此投钱，也没有研究团队做这种项目。从很多方面而言——联网能力、内存和运算速度——我们在 2001 年做出来的东西比哈尔要强大得多，但是让计算机拥有感性、情绪化反馈的能力在当时（可能现在也如此）好像并不重要，或许这只在电影里才有用武之地。

[10]

雷·库兹韦尔（Ray Kurzweil）是这方面的权威，他认为哈尔没有出现仅仅是因为受到了计算机性能的限制，根据摩尔定律，他认为拥有人类智能水平的机器将在 2029 年之前出现。当然，怎样算是"人类智能水平"，这本身就是个大问题。本书作者在其著作《机器的进军》（*March of the Machines*）中有过自己的预测，和库兹韦尔的相差不远——到 2050 年，机器将拥有人类难以应付的智能。

面向未来

许多关于人工智能的经典哲学问题（将于第 3 章讨论）在很大程度上都基于将大脑或者计算机看成一个独立实体的概念——可以说是放在罐子里的无实体大脑。然而，在现实世界里，人类会通过感知和运动技能与世界交互。

现在有一项议题引起研究者的很大兴趣，并可能在未来越来越受到关注：大脑的智能水平会在多大程度上受到其所处身体的影响。有正在进行的研究想实现一套带身体的人工智能系统——**具身化**（embodiment）——这样它就可以亲身体验世界，可能是现实世界、虚拟世界甚至是模拟世界。虽然人工智能研究还聚焦在谈论人工智能大脑上，但大家也开始意识到切实拥有可以和世界交互的身体也很重要。

随着我们迈向未来的脚步越来越快，也许人工智能研究最让人兴奋的领域是从老鼠或者人类的生物神经组织中培育人工智能大脑。在这一过程中包含的技术细节，需要采用的清洗以及成功培育活体生物神经组织的方法都将在第 5 章介绍。在这种情况下，人工智能不再像我们知道的那样基于计算机系统，而是基于再生的生物大脑（biological brain）。

作为一种新形式的人工智能，这个主题本身就足以引发大家的兴趣，并且在未来对家用机器人可能也有作用。由于它对经典人工智能时期的很多哲学假定提出了质疑，也为哲学家们开辟了新的战

[11]

场。这种哲学本质上探讨的是人类智能与硅基机器智能的区别。在这一新的研究领域中，人类神经元被用来打造类似人工智能版的人脑，也就是说，人工智能大脑可以从人类神经元（human neurons）培育而来，这也使两种截然不同的大脑类型之间原本清晰的分界线变得模糊。

半机械人

如果我们把一个生物学意义上的人工智能大脑和一具高科技机器人身体结合到一起，就得到了拥有具身化大脑的半机械人——对应的英文 cyborg 是受控有机体（cybernetic organism）的缩写（部分是动物或人类，部分是科技或机器）。这个研究领域是最激动人心的——动物和机器产生了直接的联系，这种联系能为双方带来（性能上的）改良。这里讨论的半机械人只是一种可能的版本。事实上，这并不是常规研究的半机械人类型，跟在科幻小说里经常遇到的也不是一回事。

我们更常遇到的半机械人还是以人的形式出现的，只是身体里植入了与计算机相连的集成科技，从而获取了超越人类标准的能力——这意味着半机械人有一些人类不具备的技能。这些技能可能是身体上和 / 或心理上的，也可能和智能有关。特别是我们会看到，人工智能大脑（不包括生物学意义上的人工智能大脑）通常和人类

大脑有很大区别，这些区别可以转变成优势（特别是对人工智能
而言）。

半机械人的制造通常都围绕着一个目的，通过直接连接一个
机器大脑使人类大脑性能变得更强大。组合大脑的两个组成部分，
在遇到问题时可以，或者说至少有可能可以，发挥各自特有的能
力——所以和人类相比，半机械人可能有更好的记忆能力、更强的
数学运算能力、更灵敏的感知能力，以及更优秀的多维空间知觉和
沟通能力。迄今为止，实验已经成功证明半机械人的感官得到了增
强，同时还拥有了新的沟通形式。虽然本书没有特别介绍，但第
5 章和第 6 章的内容应该可以为读者在这一领域的学习打下坚实的
基础。

[12] **结语**

本章已经为本书其余部分做了铺垫，概述了人工智能的历史发
展以及其中的一些关键阶段。在这个过程中，也介绍了本领域的一
些重量级人物。

在本书接下来的内容里，第 1 章会对智能这个整体概念进行介
绍，第 2 章和第 3 章聚焦最初引入的那些经典人工智能方法。第 4
章和第 5 章会关注不断发展的现代课题，以及更未来派的方法，你
可能会在这两章里看到在其他大部分同类书籍里看不到的前沿技

术——即使是那些叫《人工智能》或者《人工智能：一种现代的方法》的书里也没有。第 6 章会讨论人工智能如何通过传感器系统来理解世界。

希望你喜欢！

关键术语

具身化（embodiment）。

延伸阅读

1. *AI: A Guide to Intelligent Systems*，作者 M. Negnevitsky，出版商是 Addison Wesley，2001 年第 1 版。这是一本概括性非常强的书，用了尽量少的数学知识和专业术语，对经典人工智能的覆盖面相当广。该书基于作者的授课经历写成，是一本很好的入门指南。可惜没有涉及机器人、生物人工智能以及传感的主题。

2. *Artificial Intelligence: A Beginner's Guide*，作者 B. Whitby，出版商是 OneWorld。这是一本于 2008 年出版的非常理性、冷静的综述性教科书。更关注伦理问题，并且相当保守，但是呈现得非常好。然而该书对各主题没有进行任何深入的探讨。

3. *Understanding Artificial Intelligence*，由《科学美国人》(*Scientific American*) 杂志社编辑出版，出版商是 Warner Books。实际上这是一本 2002 年出版的关于这一主题的论文集。虽然主要关注的是人工智能哲学，但读者可以感受一下不同专家关心的重点有何不同。

什么是智能

内容提要

在开启人工智能之旅之前，我们先来探讨一下人类、动物以及 [13]
机器的智能是怎样的。我们将考虑构成心理的各个重要方面，剖析
一些不实的传言，并对不同实体的智能进行对比。例如，蜘蛛的智
能水平如何？机器具有智能意味着什么？在外星人看来人类智能是
怎样的？显然，智能的主观属性很重要。

定义智能：一项不可能的任务？

在开始深入探索"人工"智能以前，我们先要想办法理解到底
什么是智能，这是一个重要的问题。当我们说一个人、一只动物或

者某个物品具有智能时，我们想表达什么？事实上，不同的人基于自己的经验、见解以及偏好侧重，对这个问题会给出不同的答案。而且答案很容易变化——在某时某地被认为是智能的回答，在之后，或不同的地方也许会得出不一样的结论。

举个例子，在 1932 年的《新英语词典》（*New English Dictionary*）中，智能被定义为："对理解（understanding）的运用，智力，可习得的知识，思维的敏捷性。"显然，当时关注的重点放在了知识以及心理速度（mental speed）上，且偏向人类的智能。1995 年的《麦克米伦百科全书》（*Macmillan Encyclopedia*）离现在更近一些，书里写道："智能是根据经验推理并获得收益的能力。个体的智能水平由遗传因素以及所处环境的复杂的相互作用而决定。"

[14]

在 20 世纪初，比奈（Binet，智商测验的发明者）挑选了判断力、常识、主动性和适应力作为"智能的基本要素"。最近，智能甚至与精神认知或情感联系到了一起。显然，人类的智能很重要，但这并不是智能唯一的例子，不能因此而忽视了其他的存在。如果我们想比较人与人之间的智能水平，各种标准测试会很有帮助。可是，我们现在需要从更宽泛的意义上讨论智能，特别是还要涉及机器的智能。

动物智能

为了拓展思路，接受各种不同的可能性，我们先把目光投向人类以外其余生物的智能。通过几个例子来看一看与智能相关的各个方面，包括沟通能力、规划（预测）能力，还有前面提到的主动性、推理能力以及思维的敏捷性。

蜜蜂（bees）的个体行为特征是在一个紧密联系的社会环境中展现出来的。它们似乎通过复杂的舞蹈套路与同类交流。寻找花粉归来的蜜蜂会在蜂巢入口摆动尾部并沿着直线向前移动。移动的距离与到花粉源的路程成正比，而移动的角度指示了花粉源与太阳之间的夹角。这样一来，其他蜜蜂就获得了飞往目标的清晰指示。

世界上有超过3万种不同的蜘蛛（spider），每种都有自己的特性。生活在池塘里的水蜘蛛（water spiders）会吐丝编出一种可以储藏空气的钟形容器。这样它们就可以潜在水底等待虾之类的猎物经过，看准时机扑上去发出致命一击，随即将其拖回老巢慢慢享用。

很多生物展现出了学习能力，章鱼（octopus）就是个很好的例子。实验证明，如果先训练一只章鱼在不同颜色的物体之间进行选择，同时让另一只章鱼隔着玻璃观看。观摩了全程的那只章鱼会做出完全相同的选择。 [15]

很多生物会使用工具，青鹭（green heron）是个不太常见的例子。它们在可能有鱼出没的水中扔下食物碎屑，一旦有鱼上钩就可以轻松捕获。

黑猩猩（chimpanzees）由于与人类基因相近，是被研究得最多的非人类动物。它们可以：（甚至与人）交流、规划狩猎路线、有序地使用多种工具来收集食物或者攀登、玩耍、把责任推给其他同类。

在展现基本学习技能之外，它们甚至还能使用狡猾的伎俩获得性特权。它们的这些能力更接近人类，可能也就更容易被测量。而蜘蛛、鲸鱼和蛞蝓等生物拥有的能力对人类毫无意义，或许就难以进行价值评估。

脑容量与表现

有一种存在争议的衡量标准是直接对脑容量（brain size）或者脑细胞（神经元）的相对数量以及复杂度进行比较。比如人类有大约1000亿个神经元，而海蛞蝓只有8~9个。但是，不同物种的脑容量、神经元大小以及连通性有着天壤之别，就算是人类本身也存在巨大差异。这在过去被用来"证明"各种结论。

在1911年的德国，成为教授需要头围达到至少52厘米，这被用来歧视女性。拜耳塔尔（Bayerthal），一位当时顶尖的医学物理学家表示："我们不需要问天才女性的头围是多少——她们根本不存在。"同一时期的著名法国科学家古斯塔夫·勒庞（Gustave Le Bon）指出，平均而言，在男性和大猩猩之间，女性的脑容量更接近后者！

[16] 这些都是很好的例子，反映了人们（在本例中就是部分男性）试图使用一些衡量标准来获得本来就想获得的结果。这是我们在智能研究的过程中应该不惜一切代价来避免的，然而却是屡见不鲜。此外仅仅因为政治不正确就忽略可观测的差异也是不恰当的。

与脑容量和神经元数量有关的一个问题是精确定义大脑由哪些部分组成。对生物个体而言，或许只要简单考虑其头部的中枢神经细胞主群。人类大约 99% 的神经元在颅骨里，其余的 1% 在神经系统里。很多昆虫的这一比例可以达到 50∶50，因为感官输入的快速处理对于它们来说非常重要。然而，机器的大脑通常是联网的——由此得出的结论是，有效的脑容量应该指网络中的神经细胞总数，而不是只考虑中枢神经系统的部分。

即使只是讨论人类，单纯考虑脑细胞的总数也很有问题。举个例子，假设有人曾中风，由于大脑部分区域神经死亡，导致神经元数量显著减少。但此人仍然可能在许多方面表现得比大多数"正常"个体好得多。

也许能量使用（energy usage）是个更好的讨论起点，大脑在这方面的消耗惊人。人脑占人体新陈代谢总需求的 22% 之多。黑猩猩的这一数据就降到了 9%，昆虫类的数据也很低。对于不能移动的机器来说，除了冷却风扇和指示灯，几乎 100% 的能量都用在了信息处理上。

感知与动作

智能是个体的重要组成部分。然而，这不仅取决于个体的大脑，还取决于其如何感知以及触发周围世界的事物。个体如何理解世界取决于其大脑、感官以及执行器（actuators，例如肌肉）的运转。

[17] 人类有五感：视觉、听觉、味觉、触觉和嗅觉。这给了我们有限的输入范围。很多频率的信号我们无法感知，例如紫外线（ultraviolet）、超声波（ultrasound）以及 X 射线（X-ray）。因此我们对世界的理解是非常有限的——很多事情就在我们身边发生，我们却因为无法感知而对此毫无头绪。

与此同时，有着不同感知能力的其他生物或者机器可能正在见证人类一无所知的重大事件。讨论智能的时候，需要把生物的感知能力也考虑进来，因为生物和人类是不一样的——例如感知世界的方式可能不同——这并没有优劣之分，仅是不同而已。

生物只要在自己所处的环境里表现优异，或至少是足够好，就可以算是成功。智能水平在其中起着至关重要的作用。不同的生物和机器有自己成功的方式。我们不应该自以为人类是地球上唯一的智能存在；相反，我们需要有开放的智能概念，将人类和非人类的各种可能性都考虑进来。

动作的情形与感知类似。人类能以各种方式操控世界并在其中活动。根据在生活中扮演的不同角色，每种生物在这方面都有自己独特的能力，不要仅仅因为不能完成某些特定任务就判定它们不智能（或不那么智能）。比方说如果因为不能泡茶，就断言一个生物或者一台机器是愚蠢的，这个结论可能就不对——泡茶是非常典型的人类任务。只有在人与人之间比较时，这类任务才有一定的参考价值。

基于上述扩展讨论，我们试着给智能一个更通用的定义："各种信息处理过程，它们共同作用，使得生物有了自主追求生存的能力。"

由这个定义出发，不光是动物与机器的智能可以得到尊重和研究，人类的智能也可以作为一个子集融入这个框架。显然，这个定义也会受到批评，但与本章开头给出的那些掺杂太多人类偏见的定义相比，已经有了实质性的进步。我们可以认为那些早期定义解释的并不是通用的智能概念，它们只考虑了人类智能。

外星人视角 [18]

让我们换一种有趣的方式来考虑智能的问题，想象你是来自另一个星球的外星人，从遥远的地方检视地球。你认为地球上的智能生命形式是怎样的？你的答案会是交通工具、网络、水、云、动物、细菌、电视吗？假设你可以基于自己对生命形式和智能的想法来做一些测试。如果你生活的星球以某种红外线信号作为主要感官输入，那么你心目中地球上的智能生命形式可能就不包括人类。

哪怕是想一想我们作为人类，给生命的基本要素下了哪些定义，都能明显得到非常奇怪的结论。从基础生物学出发，我们的指标有：营养、排泄、运动、生长、应激、呼吸、生育（此处用生育 production 而不是繁殖 reproduction，英文中繁殖有复制的意思，但除去伦理上还有疑问的克隆，人类是不可以"复制"的）。

从外星人的角度来看，甚至电话交换机或者通信网络都能满足这些生命的定义——可能比人类明显得多——只不过是用电脉冲而不是化学的形式。在外星人视角里（即使是现在）得到的结论或许是，地球上有一个复杂的全球性联网智能体，它被类似小型无人机的更简单的生命形式——人类——侍奉着。

主观的智能

智能是一个极其复杂而又多元化的存在。每种生物的智能都由许多不同方面组成。从观测者与被观测者的角度看，智能也是主观的（subjective）。任何正在研究智能的特定群体，都会从群体视角出发，来判断什么是智能行为，什么不是智能行为，这个判断也会受到群体成员社会和文化背景潜移默化的影响。

当小狗走在人的身边，我们可能认为这是一种智能行为，也可能会简单觉得这是小狗受过训练后的行动。当有人能很快计算出数
[19] 学题的答案或者能准确记忆一系列特定主题相关的事实，我们可能认为这是一种智能行为——此人确实才智过人——也可能会觉得此人只是在进行一项娱乐活动。

物种之间的差异使得问题变得更加严重，因为它们有不同的心理和生理能力，以及不同的需求。人类在研究不同物种（此处也包括机器）时，应该努力识别出对该物种而言确实称得上是智能的方方面面，不能仅仅以人类智能作为参照物就得出结论，这一点很重要。

如果是涉及人类之间智能的分析，我们需要尽量坚持从科学的基础出发，不要受到社会偏见的影响。例如，为什么在某些人心中，关于政治、古典音乐或者艺术的知识，就显得比关于足球、流行音乐或者色情作品的知识更体现智能呢？为什么在某些人心中，给还在子宫里的宝宝播放莫扎特的音乐是更智能的胎教方式，而播放滚石乐队的音乐就是危险的呢？这些结论有任何的科学依据吗？我认为没有。有任何科学研究的结论可以证实事情就是这样吗？目前没有。

不幸的是，我们很快会遇到前面提到的问题，当我们已经有了一个结论，就会努力用观察到的特定信息来证明这个结论，那些不符合结论的事实就被忽略掉了。如果你想在学校或者大学里获得成功，（我只是拿来举例）最好学习艺术或者古典音乐，不要去学足球或者流行音乐，因为后者被认为是捣乱的行为或者是对时间的彻底浪费。在这些领域获得成功的人，又成了老师和教授，在未来就轮到这些人，出于智能的主观属性，更重视那些听从命令，乖乖学习艺术或者古典音乐的学生——在那些老师觉得更恰当的领域表现良好的学生，然而这个领域是他们自己定义的。故事就这么周而复始地发生。

强烈的社会偏见（social bias）就这样贯穿着人类的教育系统，可能为相关领域带来完全不同的价值观。一个个体可能仅仅因为不知道某个事实，不能进行某种特定的数学运算，或者解决不了日常生活中某个方面的问题，就被其他人当成笨蛋。很明显，这只能代 [20]

表其智能水平的一个方面，仅此而已。

尽管如此，人类总喜欢用同样的方法来对其他生物或者机器做比较。有时候我们认为非人类的能力一文不值，可能在一定程度上是因为我们并没有理解这些能力。相反，我们非常认可那些复制了人类某些方面能力的动物——例如，有些人觉得海豚（dolphins）是聪明的，仅仅因为它们对人类很友好，而且可以配合玩一些小把戏，而鲨鱼（sharks）有时候就被当成是无脑的杀戮机器，就因为人类不一定和鲨鱼有一样的思维定式和价值观。

不管是人类还是非人类，每个个体都有自己对于智能的定义，可以用来衡量其余生物以便进行比较——通常是为了在个体之间就智能水平分出个高下。一个群体对智能的观点源于群体中个体的共识，这些个体的社会文化信仰相似，会做出共同的假设。每个人的观点也部分反映了他们自己的个人优势。

在评估非人类——可能是一台机器——的智能水平时，如果我们希望声称在某种程度上它不如人类，那我们当然可以拿人类擅长的能力来进行比较。我们当然也可以让人类和非人类在后者擅长的领域进行能力比较——然而结果对人类可能就不会那么有利了，所以我们一般不这么做。

在评估个体智能时我们需要抓住以下几点：身体构成、心理构成、社会需求（如果有的话）及其居住和活动的环境。

智商测试

比较和竞争是人类的基本天性，确实，这样的基本品质使得我们这个物种能够在地球上成功生存。在体育竞技中，我们希望看到谁能跑出最快的速度，谁能举起最大的重量，或者谁能吃下最多的鸡蛋。我们承认在身体上人们通常会有自己的特长。有时候我们想考察更全面的身体能力，比如十项全能，但一般还是重点关注一项特定比赛的表现。重要的是，我们不会试着用一个单一的数值（商）来定义个体的身体能力——所谓体商（physical quotient, PQ）。 [21]

当话题转到智能水平时，同样地，人们通常会有自己的特长。例如有人更擅长音乐、数学或辩论。这都是非常不同的天赋。但出于某些原因，我们似乎经常想要通过简单的数值描述——智商（intelligence quotient, IQ）——给每个人的智能水平分出高下，这个数值甚至（以这种或那种形式）界定了允许他们在社会中做哪些事情。

在 19 世纪（甚至更早以前），流行着各种类型的智能测试。比如弗朗西斯·高尔顿（Frances Galton）就在伦敦的科学博物馆展出了一系列的测试。包括：按重量顺序排列若干盒子，每个盒子相差 1 克；在手背上放两个点，能放到多近的距离才无法区分；测量对噪声的反应速度。然而这些测试没有什么坚实的科学基础作为依据，因为没有任何可重复的统计数据表明测试的结果与个体在学校的表现有联系。

智商测试（IQ tests）是由比奈在 1904 年最先构想的。他设计了一种简单的方法，用于迅速识别那些可能在正常学校环境中难以跟上进度的孩子。

他集中关注各种能力，包括记忆力、理解力、想象力、道德认识、运动技巧以及注意力。测试的最终版本是针对 3~12 岁的儿童，由 30 个部分组成，接受测试的孩子按顺序一一作答，直到无法继续时停止。该题的序号就是孩子的"心理年龄"。用其实际年龄减去这个题目的序号，得到的值就可以用来评估其智能水平。

[22]
比奈测试最初是为了帮助孩子们选择合适的学校而设计的，通过对一套简单问题作答就可以预测他们未来在学校里可能的表现。比奈从没有打算让这一测试的结果成为儿童综合智能水平的指标。事实上，比奈自己也担心孩子们会不会只是因为在测试中表现不好，就被认为缺乏才智。尽管如此，接下来比奈测试的各种版本还是席卷了全球，被各个年龄段的人使用，测试的结果决定了他们应该接受什么样的教育，是否被允许进入一个国家（美国），甚至是否应该被绝育（在 1972 年以前的弗吉尼亚）。

近年来，智商测试的这类用途及其有效性（validity）受到了严重质疑。事实上，统计学数据只反映出那些在学校考试中能拿高分的学生通常在智商测试中也能拿高分。这真意味着智商测试反映了智能水平吗？这个问题还没有人能回答。然而，考试成绩（因此也意味着智商测试的表现）和职场地位显示出了很强的统计相关性，耐人寻味的是，并没有在职场表现上找到这种相关性。

由于智商测试的结果似乎可以衡量一般考试的表现，这类测试被推而广之，用于体现生活方式或者参与活动的效果——不管大众如何看待智商测试，这类测试结果都让人着迷。

改变在 3 分以上的智商分数可以算得上是一个很强的指标。比如，儿童规律摄入维生素 C（vitamin C）可以（平均）提高 8 分的智商测试分数。同时，污染对分数的影响很小——铅摄入量加倍（这已经是很严重的程度）只会减少 1 分。奶瓶喂养的孩子长大后在智商测试中比母乳喂养的孩子表现更差，同时定期使用安抚奶嘴的孩子长大后比不用的孩子得分要低 3~5 分，出生时母亲年龄超过 35 岁的孩子得分要高出 6 分，等等。显然，前面提到的每项指标背后都隐藏着各自的社会联系，想排除各方面影响，得到独立的结论，即使不能说完全不可能，也是非常困难的事情。

几年前（主要是因为好玩），我参与了一项研究，分析人们在参加智商测试前一刻所做的事情将如何影响测试结果，分析的前提是如果这会影响智商测试的结果，那就也可能影响考试的结果。于是我们征集了 200 名大学一年级学生，先接受一次智商测试，然后去参加不同的活动并摄入特定的营养，半小时后再接受第二次智商测试。我们比较了这些结果，想看看谁的分数增加了，谁的分数减少了。我们并不关心具体的分值，而是关注分数的变化趋势，以及这个趋势跟之前所参加活动以及摄入营养的关系。 [23]

我们发现那些喝了咖啡的人分数增加了 3 分，而吃了巧克力的人分数减少了 3 分。看了聊天节目的人增加了 5 分，而（如同刻苦学习时那样）看了书的人降低了 6 分，玩了搭建类玩具的人降低了 4 分。

虽然媒体将实验结果描述为看电视聊天节目让你更聪明，但这真正说明的是，如果你想提高考试成绩，在考前半小时去放松一下或许是最有效的，喝杯咖啡，看看电视，最好是选个不用想太多的节目。考试前一刻还在（以刻苦学习的程度）使用大脑当然看起来是不好的。

虽然智商测试可以很有趣，但它们跟智能的联系似乎只体现在与考试成绩的相关性上。跟考试一样，它们非常主观，个体需要知道特定领域的细节才能在特定的考试中发挥好。这在智商测试中也得到了证实。我们进行的测试涉及空间认知、数字序列、字谜和关系。例如，以下是两个真实的智商测试题目：

（1）填入一个词，使其意思与括号外的两个词相同。

stake（　　）mail

（2）以下哪个和其余词不同？ ofeed fstiw insietne tsuian dryah

第一题的答案是 post，和前一个词一样有桩的意思，和后一个词一样有信件的意思，三个词连在一起是邮戳的意思。第二题的答案是爱因斯坦（Einstein），由第三个词重新排列后组成，其余词重新排列后是小说家的名字。

仅凭这两个例子就可以看出要在这类测试中取得高分，需要有相关文化背景以及掌握特定领域的知识。智能的主观属性是显而易见的。

先天本性与后天培养

智能最开始究竟是如何产生的，这是关于智能最重要也是最具争议的议题之一。究竟是被预先编入，与生俱来的天性，还是可以通过教育和经验习得？它取决于先天本性，还是后天培养？或许一个更恰当，也更经常被问到的问题是：一个人的智能水平，几成来自遗传，几成受到生活环境的影响？ [24]

这个问题类似于问：烤蛋糕的品质几成取决于原料的混合，几成取决于烹饪方式。对蛋糕来说，我们可以认为两方面都很重要，最终的整体质量由两者共同决定。有时候虽然没以"最优"的时间在烤箱里加热，但也得到了很棒的蛋糕；而有时候虽然一字不差地按照菜谱的步骤来做，成品却非常失败。人们几千年来（当然可以追溯到公元前三世纪古希腊时期的柏拉图时代）一直在寻觅智能的配方。

回看本章开头麦克米伦对智能的定义，其中包括根据经验推理并获得收益的能力，这指出了遗传和环境都是影响因素，但其非常明智地避免了给出具体的比例。在过去，主流观点总是在两头摇摆，这通常取决于当时的政治气氛。

例如，在 19 世纪，西方社会等级森严，上流社会的人被（上流社会本身）认为是智能水平更高的，而底层人民被认为是白痴。普遍的观点是，智能水平的差异造成了阶级的不同，而阶层结构通过基因的传递来维护。

事实上，早在 2300 年前，柏拉图就采用了相同的方法。他认为人的智能水平是和阶层相关的，为了维持现状，人们应该只和同阶层的人生育后代。在那一时期，为了持续巩固平均智能水平，表现出"白痴"特征的孩子会在出生时（或者婴儿期）被杀死。

仅仅一个世纪后，到了亚里士多德时代，事情发生了变化。智能水平被认为更多地取决于教育和生活经验。亚里士多德本人认为，智能存在于所有公民之中。从表面来看，这个观点非常激进，但是请注意，奴隶、劳工、大多数女人以及大部分外国人都不算是公民，因此也被排除在这个结论之外。

[25]

到了 18 世纪，哲学家们如约翰·斯图尔特·密尔（John Stuart Mill）非常支持后天培养假说，然而无论是在人数上，还是在政治影响上他们都不敌遗传学说的支持者们，后者更迎合当时的殖民主义与资本主义。

在接下来的一个世纪，达尔文 1859 年的著作《物种起源》里关于物竞天择的观点被认为是对智能遗传天性的巨大支持，这支撑了不同国家、种族、阶层和个体智能水平不同的观点，从而为奴隶制及压迫的正当性提供了证明。这也导出了另一个结论：为了让社会维持更高的平均智能水平，应该允许穷人慢慢消亡。也就是说，穷人享受不到社会福利，在世界的某些地方，他们甚至连生育权都不能拥有。

人类的智能水平究竟几成来自遗传，又有几成由环境因素决定呢？现代学者对此进行了大量研究，遗传和教育的因素都需要被考虑进去。然而这并不是个简单的问题。如果寒门学子的智能水平没有得到和富家子弟一样好的发展，背后的原因是什么？是因为基因构成不同，还是因为成长环境不够催人向上？又或者，是两种因素共同复杂作用的结果？

一些更新的研究甚至开始强调出生之前的环境。1997 年，一篇发表在《自然》杂志上的文章声称胎儿在子宫内的发育情况决定了 20% 的个体智能，而遗传因素只占 34%，剩下的 46% 由出生之后的环境因素决定。这份研究自有看似合理的依据，但提到的百分比却跟常规认知有些冲突——通过简单统计各种研究论文后得到的数据是 60%—80% 与遗传相关，剩下的 20%—40% 与教育培训相关。

丹麦的一项有趣的研究调查了哥本哈根及其周边地区 100 名在 1924—1947 年间被收养的男性和女性。从成长环境及所受教育的角度看，所有被收养者和他们生物学意义上的兄弟姐妹并无太多相似之处，而收养家庭的兄弟姐妹和他们在一样的家庭氛围中长大。研究结果显示，尽管家教不同，他们与血缘同胞的职业地位非常相似，反倒是跟养父母的子女没有显著相关。

[26]

双胞胎

对同卵双胞胎（identical twins）的研究非常引人关注，他们的基因构成，甚至包括在子宫里的成长环境都非常接近。所以理论上，他们身上任何能被感知到的差异都可以被解释为是受到后天环境，而不是先天本性的影响。

约翰·洛林（John Loehlin）在 1976 年开展了一项涉及 850 对双胞胎的详细研究，得出的结论是遗传（先天本性）与环境（后天培养）对智能产生的影响比值大约是 80:20。然而研究中最受关注的是那些在出生时就分开，然后在截然不同的环境中成长的双胞胎。

西里尔·伯特（Cyril Burt）在 1966 年声称对超过 53 对同卵双胞胎进行了研究，这些双胞胎据称在出生时就被分开，随机送到了不同的收养家庭，从未联系过对方。他给出的数字是 86:14，还是先天本性的影响大于后天培养，但必须指出，随后有人质疑研究中提到的双胞胎是否都真实存在，从而使得这个结果变得不再可信。

最近，明尼阿波利斯（Minneapolis）大学成立了一个特殊部门专门研究双胞胎，随即获得了很多有意思的统计数据。例如，他们对 122 对同卵双胞胎的智商测试分数进行了汇总，相似度达到了 82%（与其他人的结果接近）。不过，与伯特声称的不同，根据社区服务责任的原则，这些双胞胎几乎都是在相似的家庭背景中长大的。事实上，对于那些成长背景不同的双胞胎而言，测试结果的相关性并没有那么高。

除了用数据说明，还有很多奇闻轶事可以作为"证据"。双胞胎吉姆·施普林格（Jim Springer）和吉姆·刘易斯（Jim Lewis）就是个例子（这只是众多例证中的一例）。他们在出生才几周时，就被两个俄亥俄州的家庭分别收养，之后完全独立地在不同的城镇里长大，

[27]

直到 39 岁才再次相遇。见面那天，他们发现彼此每天喝着同一个牌子的啤酒，抽着同一个牌子的香烟，连抽的根数都一样。两人都有个地下室工作间，都绕着树干搭了个圆形工作台，并且都漆成了白色。不仅如此，他们小时候都讨厌拼读课，喜欢数学课，还都养过狗，狗的名字都叫"玩具"。在毕业后，两人都加入了当地的警察部门，都被升为副警长，都在整整七年后离开。两人都和叫琳达的女子结了婚，之后离婚，再婚的妻子都叫贝蒂，也都生了一个儿子，不过吉姆·刘易斯的儿子叫詹姆斯·艾伦（Alan），而吉姆·施普林格的儿子叫詹姆斯·阿伦（Allan）。他们都选择在同一周去同一片佛罗里达海滩度年假，却从没有遇到过。相遇后，他们都接受了智商测试，给出的答案几乎完全相同。当然，这些可能都仅仅只是巧合，但是……

智能的比较

人类的智能源自大脑的运转——一种心理加工的过程。同样的心理加工过程使人主观认定了什么是智能行为。对于智能行为的定义，在一个圈子里的人往往会基于相同的文化背景，得出一致的结论。

个体会根据自己认为有价值的思维过程和能力来定义智能行为。其生活经验、文化背景和心理加工都会对这个决定产生微妙影响，遗传的威力在此体现。个体作为某种社会形式的一部分发挥作用，因此，个体的智能与其所处的特定社会环境有关，并由社会来决定。

离开社会的语境，智能这个概念也相对变得没有意义。任何对价值的评判或者度量都需要在个体所处文化环境中做出。理论物理学家爱因斯坦不是作为足球运动员出名的，足球运动员贝克汉姆也许没法成为最好的理论物理学家，但他们在各自的领域都有着过人的表现，智能水平深获认可。但如果爱因斯坦的理论被推翻，或者贝克汉姆摔断腿了呢？他们的智能水平还会和以前一样吗？他们能成为最好的音乐家吗？

[28]

我们对人类容易做出主观的度量，对其余生物，甚至机器也是如此。作为人类，我们很容易为人类行为赋予价值，而其余生物的行为就很难得到认可，除非它们只是在模仿人类会做的事情。我们总是将一切都纳入人类的价值体系进行评估，对智能的研究也是一样。

所有的生物，包括人类在内，都已经进化成了一种平衡的实体，身心协调地工作。人类的智能是他们整体构成的一部分，也与他们的身体能力直接联系在了一起。每种生物都有与自己物种相关的主观智能，甚至可能只存在于该物种特定群体内。从广义上看，机器也正是如此，各类机器拥有的特定技术能力体现了它们的主观智能。

显然，不同物种的心理能力和身体能力都不一样。因此，要想对两个不同物种的个体进行比较是非常困难的，除非只就具体任务里的表现进行讨论。比如我们可以考察在最短时间内穿越陆地的能力，比较对象包括：猎豹，人类，汽车，蜗牛。我猜人类可以进入前三名。但这只是一个具体任务的比较结果——比的是一段路程内的速度。我们也可以让人类和蜘蛛以及军事坦克来比织网的能力——我不确定人类怎样完成这个任务，毕竟我们天生不具备做这件事情的身体能力。

这些测试都可以说是进行了很傻的比较。同样傻的还有让人类、兔子、计算机来比较与另一个人用中文进行交流的能力。事实上，有些计算机可以比很多人（包括我自己）表现得好得多，毕竟我们一点儿中文都不会。

所以，除非是讨论完成具体任务所需的技能，否则把不同物种的个体能力拿来比较毫无意义，当我们想在智能方面对人类和机器进行比较时更是如此。实际上，我们需要澄清的是我们讨论的是哪一个或者哪一类人，哪一台或者哪一种机器。用于比较的任务是以人类为中心（human centric）的任务吗？ [29]

我们应该期待机器用跟人类完全相同的方法来执行任务吗？这真的有关系吗？最终结果一定比机器工作的过程更重要吗？如果两个人在下象棋，他们当然必须遵守游戏规则——这是显而易见的。胜出者不会因为在下棋时想着的是食物而被取消资格。所以，如果机器下象棋赢了人类，我们也不应该说：是啊，但是它和它击败的对手思考方式不一样，所以判它输。

结语

在这一章里，我们试着剖析智能究竟是怎么一回事，为下一步深入学习人工智能打好基础。我们看到了智能如何作为个体不可或缺的一部分，看到了世界如何通过感知来呈现，还看到了世界如何受到运动能力的操控，这些都是以后要考虑到的重要因素。

我们强调，其余生物的智能和人类的智能一样值得仔细考察；同时，在讨论人类智能时，不能只简单着眼于"理想型"，要将形形色色的人类个体都考虑进去，这两点至关重要。在后面的学习中会发现，我们总是忍不住想将机器的智能与人类进行对比——也许是为了评估与人类智能有关的人工智能水平。在这么做的时候，请务必避免得出相对幼稚的结论来欺骗自己。

我们也探讨了人类智能的组成，某些方面取决于先天本性，某些方面取决于后天培养。对于机器而言，不管是什么类型的机器，其实也几乎是一样的情况。会有初始的设计和构造——可能包括机械设计以及/或者生物学组件——这些可能由初始程序或者安排来决定，这就是先天本性！一旦机器开始与环境交互并且学习——以各种不同的方式——后天培养就开始发挥作用。如果一台机器没有学习的能力（其实人也一样），那它最终能达到的高度是非常有限的。因此本书将假定机器是同时受到先天本性和后天培养影响的。

我们对人工智能的学习将从经典理论的起源开始，看看最初的那些系统是如何发展的。

[30]

延伸阅读

1. *Intelligence: A Very Short Introduction*，作者 Ian J. Deary，出版商 Oxford Paperbacks。这是一本 2001 年出版的对非专业人士很友好的人类智能入门指南。

2. *On Intelligence*，作者 J. Hawkins 和 S. Blakeslee，出版商 Owl Books，2005 年出版。通过这本书，读者可以看到人类大脑如何运作以及人类智能如何测量；该书也对机器智能及其与人类的联系进行了审慎探讨。

3. *QI: The Quest for Intelligence*，作者 K. Warwick，出版商 Piatkus，2000 年出版。这本书为非专业人士介绍了人类、动物、机器的智能，并试图对智能究竟是什么进行一番刨根究底的分析。

4. *Multiple Intelligences: New Horizons in Theory and Practice*，第 2 版，作者 Howard Gardner，出版商 Basic Books，2006 年出版。书中认为人类智能是独立的能力，从音乐智能到理解能力都有涉及。

经典人工智能

内容提要

　　研究者们最初主要通过经典的自上而下的方法来实现人工智 [31]
能，这些方法组成了这门学科的第一阶段。本章将对基于知识的
系统和专家系统进行介绍，特别是重要的"IF…THEN…"语句。
我们要看一看如何用这样的语句来组成基本的人工智能引擎，又
怎样应用到问题的解决方案中。逻辑和模糊逻辑都会涉及。

引子

　　毫无疑问，人性使然，我们总是喜欢拿自己与别人进行比较，
并且经常是想要从别的人或者事上找到优越感。随着计算机的

出现，人工智能的概念在 20 世纪 50—60 年代诞生，人们开始渴望直接拿人类智能与人工智能进行比较。但有一条基本准则也由此产生——人类智能代表了智能的最高水平，有时甚至到了相信人类智能是智能唯一形式的程度。因此，当时的看法是，人工智能最多只能以某些方式模仿人类智能，做到像人类智能一样好。

于是，经典人工智能技术专注于让机器模仿人类的智能。从马文·明斯基给出的早期定义就能看出这一点，他说："人工智能是让机器来做那些人类需要智能才能做的事情的科学。"这个定义非常巧妙地（也许是故意为之）避免了回答什么是智能以及什么不是智能，只是指出要让机器模仿人类。

[32]

赫伯·西蒙（Herb Simon）在 1957 年提出的观点也许最能形容当时的哲学，用他的话说就是："现在世界上有会思考、会学习、会创造的机器。而且它们做这些事情的能力将迅速提高，直到它们能处理的问题范围与人类心智的应用范围相同。"

实现人工智能在当时更像是遵循着精神科医生的思路：试图仅从外部理解人脑的处理过程，然后尝试造一台机器来模仿这种工作方式——一种自上而下的方法。

当时选取的一项人类智能特征是推理能力。给定一系列事实，人脑可以对情境进行合理假设并做出决策。举例来说，如果现在是早上 7 点，同时我的闹钟响起，那么是时候该起床了。这是第一种被成功用于构建人工智能系统的方法。

专家系统

专家系统的设想是让机器能对特定领域的事实进行推理，并大致做到像专家的大脑那样工作。为此，机器需要掌握相关领域的知识，在新信息出现时遵循一定的规则（由人类专家给出），并要能够与整套系统的用户以某种形式交流。这样的系统被称为基于规则的系统（rule-based systems）、基于知识的系统（knowledge-based systems），或者更概括地说——专家系统。

MYCIN 是首批成功的系统之一，这是一套用来诊断血液感染的医疗系统。MYCIN 有大约 450 条规则，声称可以超过许多实习医生，达到某些专家的水准。它的规则都不是基于理论产生的，而是通过与大量专家的访谈来建立，这些专家们都有着丰富的一线诊疗经验可供参考。这些规则也因此，至少在一定程度上，反映出在医疗领域里，条件存在着明显的不确定性。

MYCIN 的大体结构和其他专家系统差不多。在专家系统中，每 [33] 条规则的基本形式都是：

IF（条件）THEN（结论）

例如，MYCIN 的一条规则可能是"IF（打喷嚏）THEN（流感）"。

然而更有可能的情况是，多个条件需要同时满足才能得到明确结论，或者刚好相反，多个条件有一个满足就能得出结论。所以规则可能看起来像这样：

IF（条件 1 AND 条件 2 OR 条件 3）THEN（结论）

在医疗领域里，这个例子可能就变成了：

IF（打喷嚏 AND 咳嗽 OR 头疼）THEN（流感）

实际采用的规则是征求了大量专家的意见后制订的。医疗专家会被问道：流感有哪些症状？或者，如果有病人打喷嚏并且咳嗽，这意味着什么？

有时候从同一组事实出发，可以推出好几种可能的结论。这对专家系统而言是个挑战，对人类专家或许也一样。为了处理这种情况，系统需要有进一步的规则来决定采取怎样的行动——这被称为冲突消解（conflict resolution）。

冲突消解

很多时候会出现同时满足多个条件但只需要一个结论的情况。

[34] 这时候就需要决定哪条规则（其各项条件都完全满足）的优先级最高。必须消解这些规则之间的冲突。虽然方案有很多，但还是要看专家系统本身实际选用哪一种。当多条规则的各项条件都满足时，选取哪条规则取决于采用以下哪个标准：

（1）最高优先级规则（highest priority rule）。赋予每条规则优先级，如果多条规则可用，则选择优先级最高的规则。

（2）最高优先级条件（highest priority conditions）。赋予每个条件优先级，被选中的规则必须包含最高优先级的条件。

（3）最近（most recent）。选择条件满足时间离现在最近的规则。

（4）最具体（most specific）。选择有最多项条件被满足的规则。这也被称为"最长匹配"。

（6）背景限制（context limiting）。对规则分组，特定时间只有部分规则处于激活状态。只能选择激活的规则——这样专家系统可以随着时间的推移适应不同条件。

使用哪种冲突消解方案完全取决于应用程序——对于简单的系统，解决方案本身很可能也非常简单。

有时候，用户可能期待专家系统会从同一组条件中得出多条结论，只需要告知他们这些条件在当时都适用。用户可以自行做出下一步的决策，包括消解可能的冲突。

多重规则

大部分专家系统包含互相依赖的多条规则，这些规则被分层组织起来。因此，当一条规则的每一项条件都被满足后，可以得到一个结论，相应地，这个结论又能满足下一层规则的条件，以此类推。作为例子，请考虑一个汽车发动机管理系统：

第1层规则

[35]

IF（按下启动按钮）THEN（启动发动机）

IF（选好挡位）THEN（齿轮啮合）

第2层规则

IF（已启动发动机 AND 齿轮已啮合）THEN（汽车驶出）

很明显，第1层的两条规则必须先被触发（fire），以满足触发第2层规则的两项条件，这样汽车才能驶出。可以认为触发第2层规则的条件已经成为事实，因为所需要的处于第1层的两条规则都已触发。当然，在这个例子里我们不需要消解冲突，因为这些规则都是独立的。

然而，从这个例子里可以明显看出，如果我们引入其他因素，比如刹车、油箱的最低燃料水平、方向选择、车前方的物体等，专家系统将迅速变得非常复杂，有很多层规则应对经常冲突的需求。专家系统一共需要多少条规则才能使汽车在道路上行驶呢？这是个值得探讨的有趣问题。

本例中进入专家系统的初始事实（数据）是：首先，按下了启动按钮；其次，选好了挡位。接下来进一步得到的事实是启动了发动机并啮合了齿轮。随后汽车驶出，实现了最终目标。所以我们以一组事实开始，这是对专家系统的输入，并且实现了目标，这可以说是输出。

前向链接

正常运行的专家系统在特定时间会先有一组明显的事实，这些事实随即触发了许多规则，又进一步产生了新的事实，从而再触发其他规则，以此类推，直到得出最终结论，差不多就像前面描述的发动机那样工作。这种从输入数据到最终目标的工作方式被称为前向链接（forward chaining）。目的是找出从给定事实出发能推导出的全部结论。

后向链接

[36]

专家系统也可以反过来使用。在这种情况下，得到结论前需要搜索规则，调查发生了怎样的事实（数据）可以使系统得出这个结论。也有可能需要回溯整个系统来评估必须向其输入哪些事实才会使特定目标实现。

在前面的例子里，我们可以问：是什么使汽车驶出？这时候就可以使用后向链接（backward chaining）来推出答案是启动按钮被按下以及选好挡位。

后向链接适合用于系统验证，特别是在那些要求专家系统安全第一，不可以得出"错误"结论的场合。它也可以用来评估系统的整体表现，查明是否还需要进一步增加规则，或者是否有奇怪的（输入）环境会导致意外的结论。

优点

与其他人工智能方法相比，专家系统有很多优点。

一个显著的优点是，它们很容易编程到计算机中（代码都是 IF-THEN 结构）。每条规则都是独立的实体，包括其触发时需要的数据和其独立得出的结论。如果需要新的规则，那就把它加到整个系统里，不过这有时候也意味着需要调整冲突消解的方案。

专家系统是处理自然现实世界信息的理想选择。毕竟这也是人类专家们在处理的信息。因此，如果有专家说，"在这样的情况下我会做这些事情"，直接输进专家系统里就行了。

系统结构与数据是分离的，因此其与问题涉及的领域也是分离的，从这个意义上讲，相同的专家系统可以被应用到不同的领域。只是规则本身以及它们的组合方式有区别。因此计算机里的同一套专家系统结构，既可以用于医疗诊断系统，也可以用于发动机管理系统，只是需要输入的是不同的规则，触发规则的是不同的条件，得出的也是不同的结论。

[37]

专家系统可以处理不确定性，我们会在讲模糊逻辑时看到这一点。在这种情况下，如果出示一系列事实，系统的结论可能是：给定这些事实，它对推出的结论有 75% 的把握。这很可能说明有其他能使系统 100% 确定的有用证据缺失了。医疗诊断的例子可以说明置信度是有用的。给定作为事实输入的症状，专家系统可能会给出只有 50% 把握的诊断作为输出。在这种情况下，人类专家也（几乎）不能（如果曾经有过）100% 确定——系统只是反映了这种情况。

像大多数人工智能系统一样，这类系统的一大优势是应答速度，特别是与人类专家的速度相比。当所需的最后一条信息到位后，机器可能只要零点几秒的时间就能得出结论。人类专家可能要花上几秒钟，或者有时候甚至要几分钟才能对一样的问题给出相同的结论。这不仅节省了大量金钱，也使个体的安全得到了更大的保障。用于处理机器或电源故障警报的系统，以及金融交易系统的专家系统都是绝佳的例子。

专家系统的问题

专家系统存在很多问题。首先，收集规则的过程可能会相当尴尬。通常，普通人很难用简单的术语来描述他们日常做的事情。更严重的是，如果询问多名专家，很可能会发现他们对同一个问题有不同的思考方式，说不定连解决方案都完全不一样，这就很难将规则标准化。有时候或许还可以取个平均的结果，但有时候就不行。例如，一套用来驾驶汽车的专家系统：此时正前方有一个物体，一位专家可能会建议左转，但另一位专家更倾向右转。对他们的答案取个平均就变成了直行，这显然不合理！

[38]   同样应该指出的是，邀请人类专家，尤其是专科医生，可能会非常昂贵，如果要请好几位就更贵了，光是预约好并向他们问到答案可能都有困难。所有耗费的时间与金钱都是要计入实现整套系统的成本里的。

专家系统最大的问题之一就是所谓的"组合爆炸"（combinatorial explosion）。原因很简单，专家系统变得太大了。这类系统的一个主要目标是在任何情况下都能解决问题得到结论。但为了能够完全解决一切意外事件，我们需要不停增加规则来覆盖每一种可能的情况，哪怕遇到这种情况的概率再低，也不能忽略。以驾驶汽车的专家系统为例，车是要行驶在普通道路上的：大象不太可能出现在车前，不太可能遇上一摊泥巴，也不太可能出现一个长沙发，但这些还是有可能会发生的，所以规则必须要能够处理好每一种情况。

因为有些专家系统可能包含数以千计的规则，即使是为了解决一些对人类而言可能相对直白的问题，每起事件都必须测试很多条（如果不是所有）规则，同时还要考虑可能用到的冲突消解方案以及链接方式。所以当这类系统存在太多规则时，它的决策速度很可能会比人类慢得多，而不是比人类专家快。调试这类系统以确保它能解决每一种乃至所有的意外情况也可能是非常困难的，规则相互影响，也许还会相互抵消。

最后要说的一点是，专家系统仅仅是人工智能的一种类型，通常只体现了智能的一个方面。具体而言，它试图模仿人脑的推理功能，即在特定时间给定一些事实的情况下，根据人类专家如何处理这些事实来做出决策。

重要的是，不要觉得这类系统只是程序化的决策机制，会永远按照预期运行。我们当然能以这种形式操作它们，但也能让它们在推导结论和积累本领域经验时进行学习。当然这取决于它们是要用来实现什么功能。这种学习（learning）将在之后详细介绍。

可以说，如果这类系统已经得到了一系列结论，那么可以"奖励"那些使结论"胜出／当选"的规则，让它们更有可能在下次被触发并／或成为整体结论的一部分。相反，如果一条规则被触发后得到的结论没有被选中，那它之后再被触发的可能性就会降低。成功有奖励，失败要惩罚！这也可以通过在冲突消解方案中赋予优先级来实现。 [39]

模糊逻辑

本章到目前为止讨论的专家系统，都假定了条件要么存在、要么不存在。这是一种非常明确的逻辑，事实非真既假。

但就像我们前面看到的那样，在某些情况下，部分正确的结论，甚至是被赋予置信度的结果，也是有用的。事实上，人们生活中的很多事情就是这样。人们希望洗澡水是温暖的，不是简单的热或者冷，而是温暖。模糊逻辑（fuzzy logic）为此提供了基础。

让我们先暂时假定水温在0℃时是完全冷的, 50℃时是完全热的。如果实际测量到的水温在0℃到50℃之间, 那我们可以说, 比如水65%是热的, 就意味着相当温暖, 但还算不上热。如果水12%是热的, 那就非常冷了。

虽然我用百分比给出了水温, 但使用模糊逻辑并不一定意味着实际测量到的水温就是50℃的65% (32.5℃)。模糊逻辑更像人类对温度的概念——记住它是人工智能的一种形式。因此如果我们愿意, 我们可以在0%到100%之间自行制订实际温度和百分比之间的对应关系。

模糊化

[40] 在模糊逻辑系统里, 第一步是要让现实世界的实际数值模糊起来——这被称为"模糊化"(fuzzification)。如果我们处理的是水的温度, 那就先测量实际水温, 再将其模糊化。比如20℃这个温度可能就变成了45%的模糊值。这个模糊值就可以输入到我们的模糊专家系统中。

实际值与模糊值之间的对应关系需要根据具体问题明确定义——可以通过图形化的手段, 也可以通过查表, 甚至可以通过数学关系定义。以水温问题为例, 可以有:

0℃对应0%, 10℃对应20% ——在这个范围内, 每增加1℃对应增加 2%，所以 3℃对应 6%。

10℃对应 20%，30℃对应 80% ——在这个范围内，每增加 1℃对应增加 3%，所以 24℃对应 62%。

30℃对应 80%，50℃对应 100% ——在这个范围内，每增加 1℃对应增加 1%，所以 43℃对应 93%。

实际的模糊化过程完全取决于具体情景。本例只用来说明可能的做法。

模糊规则

模糊化后的数值就被用于规则进行判断。模糊规则（fuzzy rules）和我们前面看到的那些规则一样：

IF（条件）THEN（结论）

然而现在的情况是，条件可能只是部分为真。如果在一个专家系统里，水不是热的就是冷的，我们可能需要这样的规则：

IF（水是冷的）THEN（打开热水器）

IF（水是热的）THEN（关闭热水器）

现在我们可以用一条模糊规则替换它们：

[41]

IF（水是热的）THEN（打开热水器）

第一眼看上去可能有点奇怪，但请记住我们处理的是模糊规则——所以条件部分将是一个百分比值（而非简单的"是"或"否"）。

因此，结论部分也将是个百分比值。现在热水器不是简单的打开或者关闭，而是会在一定程度上打开——我们将马上看到。

正如前文介绍的那样，对于普通的专家系统，一条规则可能需要多项条件都满足才能触发，或者正好相反，多项条件中有一项满足就能触发。例如：

IF（水是热的 AND 能源收费高）THEN（打开热水器）

这需要两项条件同时为真才会打开热水器。或者：

IF（水是冷的 OR 能源收费低）THEN（打开热水器）

这只需要任意一项条件为真（或者都为真）就会打开热水器。

但对于模糊规则来说，每项条件都被赋予了一个百分比。大部分模糊系统是这样操作的：如果出现的是 AND，那么将条件中最小的百分比值传递下去；如果出现的是 OR，那么将条件中最大的百分比值传递下去。

例如我们可能有这样的模糊规则：

[42]　　　IF（水是热的 AND 能源收费高）THEN（打开热水器）

假设模糊化后的水温是 62%，（也被模糊化后的）能源收费是 48%。由于这是 AND 运算，传递下去的是 62% 和 48% 里的最小值——也就是 48%。相反，如果条件里包含的是 OR 运算，那传递的就是 62%。我们将很快看到如何处理这个百分比值。

专家系统中可能只触发一条规则，但更常见的是触发了多条不同的规则。每条规则会得出一个不同的值传递下去，这些值必须聚合成对应外部世界某些事情的单一最终值。在我们讨论的这个例子

里，需要一个总的百分比输出来告诉我们热水器要被打开到多大的
程度。

去模糊化

将传递的不同百分比值聚合的方法有很多。最简单、最明显的
方法就是取平均值。

如果我们有三条规则——R1，R2和R3——产生的百分比是
R1=23%，R2=81%，R3=49%，那么平均值就是把这三个数加起来再
除以3（即51%）。在我们的例子里，这意味着热水器要被打开到多
大——正好拧到一半就行。

然而，如前所述，通常有些规则会比另外一些规则更重要。因
此最典型的去模糊化（defuzzification）方法是加权平均法（weighted
average method）——被称为"重心法"（centre of gravity，COG）。每
个结果百分比分别乘以对应的权重值（weighting value），将答案加在
一起，再除以权重的总和。

在刚才这个例子里，我们假设R1比其余规则更重要，所以它
的权重设为5；R2的权重是2；R3的权重是3。因此R2是最不重
要的规则。权重加在一起是10。现在我们将R1，R2，R3分别乘以
它们的权重（23×5，81×2以及49×3），得到的结果是424，再除
以10（权重之和），得到的去模糊化值是42.4%。这比之前没加入

[43]

权重的结果要低，因为通过加权，我们更强调规则 R1 的输出，这个值比另外两条规则的输出要低得多。因此水不会被加热到和之前一样的程度。

模糊专家系统

在构建专家系统时，必须生成规则，将它们分层排列，并制订合适的冲突消解方案。

模糊专家系统当然也需要规则，但必须是模糊规则。可能也要有冲突消解方案；但也有可能不需要，因为在这种情况下，去模糊化技术可以将规则间的优先级等因素考虑进去，甚至还可以通过让去模糊化的权重值与时间相关联来体现规则触发的时间。例如，第一条触发的模糊规则，权重可能相对更高，随着时间推移，权重可能随之减少。如果某条规则在很长时间后仍未被触发，甚至可以让其权重变为零，也就是会被系统忽略。所以假如规则是在一定时间后才被触发的，在去模糊化过程中可能就会被忽略。

在模糊专家系统中，除了要有一套模糊规则，还要有合适的模糊化以及去模糊化方案。去模糊化需要考虑输出值的实际用途——可能是控制马达按一定比例发挥性能或者以最快时速的某一百分比来驾驶汽车。

模糊化可能更麻烦，需要被模糊化的不同数值在现实中表达的

也许是截然不同的东西，可能是电压、温度或者流速，完全是用不 [44]
同方式来度量的。不幸的是，并没有一种定义明确、屡试不爽同时
通过了测试的系统化方法可以用于制订模糊化方案或者模糊规则。
因此，为了打造成功的模糊专家系统，需要大量试错，才能获得最
佳的表现。

问题解决

我们已经看到了一类人工智能方法，通过给系统输入一套需要
遵循的规则，就能覆盖所有可能的情况。另一类场景是，我们需要
实现一套人工智能系统来替我们解决问题。用于引导车辆（vehicle
guidance）的卫星导航系统就是个简单的例子。我们知道从哪里出发，
也知道要到哪里去（希望果真如此），但我们不知道该怎么走。

这通常不是个小问题，因为有太多不同的走法。所以一般还会
有进一步的需求，比如想要知道最快的路线，或者最短的路线，或
者甚至是沿途风景最美的路线——事实上，从一个地方到另一个地
方旅行时，可能存在各种各样的潜在需求。这代表了一类典型问
题，这类问题是人工智能非常擅长的——以极快的速度解决。

假设我们希望从雷丁出发，途经几个城市，前往纽卡斯尔。可
选的路线有很多。比如可以先从雷丁开到牛津，或者也可以先从雷
丁开到伦敦。这两条路线都会产生相应的成本，包括时间、燃料、

行驶的距离等。再从牛津出发，又可以到班布雷，或者是斯特拉福德，以此类推。从一个城市到下一个城市的每段路程都产生相应的成本。最后，到达目的地纽卡斯尔。

假设在这趟从雷丁到纽卡斯尔的旅途中，我们限制了沿途备选城市的数量，并且每个城市只访问一次，那么人工智能系统可以有多种方法搜索出最优解。

[45] ## 广度优先搜索

为了找出旅行问题的最优解，需要考虑一切可能的走法，这时就可以使用广度优先搜索（breadth-first search）。在我们以雷丁为起点的例子里，搜索最佳路线时首先查看所有从雷丁出发可以到达的城市——包括牛津和伦敦。再分别查看从这些城市出发，所有可以到达的城市。每个阶段我们都要评估采用该路线的总成本。

经由若干条不同路线，我们最终可以到达纽卡斯尔，由于我们记录了每条路线的总成本，比较一下就能确定哪条是最佳路线，这个最佳的评判标准可以是距离、时间或者任何可能的需求。本质上，我们会查看一切可能的解，进行比较之后，只要成本信息是准确的，我们就能找到最优解。

在有些情况下，特别是只涉及少量城市的简单路线问题，这样的搜索是完全可以接受的。然而，可以证明，如果要考虑到所有的路线并计算相关成本，潜在解的数量将过于庞大，无论是从需要的计算机内存，还是从求解花费的时间来看，就算是非常强大的计算机也难以处理。造成内存问题的原因是，在到达目标城市纽卡斯尔以前，需要保存所有路线的全部信息，才能进行最终的比较。

深度优先搜索

在深度优先搜索（depth-first search）中，首先尝试一条从起点到终点的完整路线，再尝试另一条不同路线。然后，立即比较这两条路线的成本，更优的解被保留下来。其他路线也可以用同样的方式系统地尝试。如果我们只想寻找最优解，那么内存中只需要保留一条路线。如果比较之后发现另一条路线成本更低（假定这是我们的关注焦点），那么只需替换掉原来的路线即可。因此，这类搜索对于计算机内存的需求几乎可以忽略不计。

深度优先搜索面临的一大问题是，如果初始选择做得不好，跑偏了方向，得到的结果可能是包含几百个城市的漫长且昂贵的路线。接下来搜索的很可能还是差不多的糟糕的长路线。与此同时，也许只要一开始选择从不同的方向出发，就能得到低成本的最优解。这种解可能在深度优先搜索中需要一些时间才能被找到。对于同样的问题，广度优先搜索会很快找出答案。 [46]

深度受限搜索

深度优先搜索有时会浪费大量时间查看非常长且成本高的路线，这个问题可以通过深度受限搜索（depth-limited search）来缓解。先设定路线途经城市的数量，也就是深度限制。搜索以深度优先的形式开始，直至达到预先设定的数量。当前搜索被放弃，开始以深度优先模式寻找下一条路线。

显然，深度受限搜索中用到了一些常识，可能的话也会用上和具体问题有关的知识。之前的两项技术（广度优先和深度优先）被称为"盲目搜索"，因为不需要对问题有过多了解就可以进行搜索。在深度受限搜索中，如果预期解大概需要两三步，选择非常低的限制值可能就有点傻。简单研究问题后，或许会认为解很可能在九到十步以内，这种情况下限定在 10~11 步也许比较好——如果一个解在这么多步后看起来还不好，那就不太可能成为最优解，让我们放弃它，试试另一条路线。

双向搜索

另一种替代策略是双向搜索（bidirectional search），将搜索分为两部分，从起点开始第一重搜索（向前），同时从终点开始第二重搜索（向后）。这项技术的重大优势在于可以节省很多求解时间，但可能需要大量内存。

为了成功找到最优解，需要在其中一个方向的搜索中加上一个 [47] 过程，检查从这个方向出发到达的点是否在另一个搜索方向的边缘也刚好到达。这时和问题有关的知识就派上了用场，因为这样的边缘检查可能非常耗时，可以等搜索到达确实有可能出现解的深度后再开始进行。

搜索存在的问题

重复搜索已经去过的并充分探索过的点可能会浪费很多时间，也许会导致永远找不到解或只能找到不太好或不正确的解。对于有些问题（尤其是简单的问题）而言，这样的情况可能不会发生，但在解决复杂问题时，或许就有混到一起的路线要考虑。

为了更详细地解释这个问题，让我们再回想一下从雷丁出发到纽卡斯尔的例子。我们可能选择了一条从雷丁出发的路线，途经牛津，然后到达考文垂，随即探索从考文垂出发的所有可能路线。搜索过程中，我们可能又会尝试从雷丁出发，途经班布里，然后到达考文垂——通过不同的路线又到达了考文垂。所有从考文垂出发的可能路线以及相关的成本都已经被搜索过了，所以没道理再重复做一遍相同的工作。然而这确实意味着在找到整体解之前，需要记下所有不同的路线以及相关的成本。

作为搜索过程的一部分，在到达一个新的点时，有必要将该点和已经搜索过的那些点进行比较。这不光是为了避免重复搜索同一个点，还可以比较一下到达该点的两条不同路线，选择更好的那一条，放弃另一条。和通常的智能一样，如果人工智能搜索忘记或者忽略自己的过去，那就有可能会重复犯相同的错误。

实用搜索示例

[48]

虽然前面是以旅行问题为例解释了一些原理，但这些介绍过的搜索技术也可以用来解决谜题。魔方（Rubik's cube）就是其中的一个例子，起点通常是彩色方块随机分布在立方体各个面，最终目标是让每个面都只由一种颜色的方块组成。

将问题分解，最好先找到一个状态，已知如何将魔方从初始状态变换到这个状态，再从这个状态出发，推导下一步可能的状态，以此类推。任何时刻都只是处理从一个状态通过一小步变到另一个状态的情况，由此可以到达最终目标状态。

迷宫求解（maze-solving）是另一个例子，这是一个人们会用深度优先策略求解的典型案例，但其实广度优先策略可能会更好。事实上，对于在书上遇到的那种迷宫而言，最好的策略肯定是双向搜索——在从起点往前推的同时，也从终点往后推。不幸的是这通常会把问题变得太简单，破坏了所有的乐趣。

在杰罗姆·K. 杰罗姆（Jerome K. Jerome）的《三怪客泛舟记》（*Three Men in a Boat*）中，哈里斯寻找汉普顿宫迷宫中心的方法是："这非常简单……永远在第一个路口右转就行了。"不幸的是，这使得他的同伴不停地回到同一个位置，以至于"有些人停了下来，等待其他人（哈里斯）经过并回到他们身边"。

在更复杂的层面上，国际象棋（chess）这类博弈游戏是典型的例子。当前状态就是任一时刻棋盘上的局面，而最终目标就是要将军。无法预知对手行为带来的不确定性给这个问题增加了额外的复杂度。因此，搜索必须每时每刻都基于概率而非固定值来计算成本。不同于假设成本几乎固定（不考虑堵车影响）的旅行问题，在国际象棋中，必须尽量考虑到对手可能的走法。

1997 年 5 月，IBM 的计算机深蓝在六局系列赛中击败了曾经的人类国际象棋世界冠军，加里·卡斯帕罗夫。计算机可以进行大范围的搜索，每秒分析 2 亿种可能的走法——由此可见人工智能在计算速度上明显优于人类。当时卡斯帕罗夫说："在这次比赛中发现了很多事情，其中之一是有时候计算机下出的棋，非常具有人类风格。它对局面有极深刻的理解。"

[49]

启发式搜索

如果已经掌握了一些关于问题的信息，就可以用不同的策略来修改前面介绍的搜索过程。具体案例里实际采用的技术很大程度上取决于所掌握信息的性质。一种显而易见的思路是先对解进行成本预估，从预计成本最低的点扩展搜索，这被称为**最佳优先搜索**（best first search）。还可以用数学函数来为不同解估算成本或者计算概率，问题就扩展成了找数学函数的最小值。

贪心最佳优先搜索（greedy best first search）只选择下一步中成本最低的方向扩展搜索。这么做不能保证一定会得到最优解，但通常很高效，可以很快得到结果。

还有一项技术是列出所有可能的解，然后从一个初始解出发。如果有其他解的整体成本更优，就替换掉原来的，保留新的解直到再被别的更优解替换。这通常被称为**爬山法**（hill climbing）或者**最速下降法**（steepest descent）。它属于**局部搜索法**（local search），在列表中，相似的解是排列在一起的，每个解都只跟与自己相差不大、稍做修改就能得到的那些解进行比较。因此这项技术存在的一个问题是，找到的所谓最优解只是局部最优，即比它附近的那些解要好——换句话说，它可能找到的不是整体（全局，global）最优解。这被称为"陷入局部最小值"（local minimum）。解决方法包括随机跳到解列表的另一部分。

知识表征

　　我们在此讨论的各类人工智能系统都有一个重要研究方向是如何存储并处理与问题相关的信息或者知识。本质上，我们需要决定将什么内容放入知识库，以及如何用最好的方式在计算机内将世界充分表示出来。特别是，根据存储的信息类型不同，我们面临的需求也非常不同。 [50]

　　我们必须和各种不同环境中的物理对象、时间、动作以及我们相信的观点打交道。试着将世间万物建模表示出来是非常重大的任务——人类完成不了，因此我们也不能指望人工智能系统能够做到。不过，我们能设法表示出聚焦在特定范围或是感兴趣的主题的、有限领域的知识。

　　人工智能的世界里有好几种不同的方法可以用来表征知识。我们在这里将介绍一种使用最广的，被称为**框架**（frames）的方法。框架被用来以一种结构化的方式表示大量通用的、**常识性知识**（common sense knowledge）。

框架

　　框架用来表示关于一个实体的必要的日常典型知识。它是计算机里的一个文件，有若干条信息储存在文件的槽（slots）里。每一个槽本身又是一个子框架（sub-frame，或者子文件），里面有进一步的嵌入信息。

假设我们用一套基于框架的人工智能系统来描述一栋房子。初始框架就是房子。房子里有若干个槽，例如餐厅、厨房、客厅等。每一个槽本身又是一个框架。所以我们有厨房框架，里面包含若干个槽，例如冰箱、炊具、水池等。这些槽继而又是框架，包含它们自己的槽。像这样继续下去，直到知识有了足够的深度，可以适用于手头的问题。

动作也可以用同样的方式处理，每一种可能的动作都用一个框架来描述，再通过槽把子动作包括进来。如果我们有个框架是外出，那可能包括的动作槽有穿鞋、穿外套、拿车钥匙等。你会发现这类知识表征非常接近人类的思考方式：如果我要外出，有什么事情是必须要做的呢？

[51] 有时在日常生活中，如果我们遇到的是不常见的任务，或者是一段时间之后才做的任务，很可能我们（作为人类）会忘掉一些槽。于是我们会写个清单，列出完成任务需要做哪些事情。这个清单本质上就反映了人工智能系统中基于框架的知识存储原理。

框架可以（在它的槽里）包含和框架主题有关的各种不同信息。可以是关于某个情况的事实，或者处在其中的物体。也可以是关于要执行的过程或者动作的知识。换句话说，框架可以是各类信息的混合体。

如果一个框架描述了一个动作，那它有一些槽描述为了执行整体动作需要完成的子任务。但还要有一个动作者槽，用来说明是谁，或者是什么东西来执行这个动作。还需要有个对象槽，说明动作是要生效在谁或者什么东西身上。即一个源槽标出起点，以及一个目标槽标出这个动作的终点。

方法与守护程序

到目前为止，我们已经看到了如何在框架中处理知识。然而，如果要把框架应用到人工智能系统中，还需要操控以及查询知识。此时就要通过方法与守护程序（methods and demons）来执行合适的动作。

方法是与槽中特定实体相关联的一系列命令，它要么可以查询一些关于实体的信息，要么可以在实体的值按特定方式改变时执行一系列动作。方法可以分为"When Changed"（当改变时）和"When Needed"（当需要时）这两类。

在"When Changed"方法里，当实体的值改变时，会执行适当的程序。例如，在股票交易人工智能系统里，可能会监控特定公司的股票价值。如果它发生了改变，就会自动执行一段程序来测试现在的股票价值是否高于或者低于预先设定的阈值。如果价值已经超出了这个范围，可能就需要酌情决定是否自动抛售或者购入股票。

在"When Needed"方法里，如果出现查询实体值的请求，就会

[52]

执行适当的程序。在我们的股价示例里，潜在的投资者可能会发出"When Needed"的请求，此时就会测算出公司股票的价格。

守护程序是"IF（条件）THEN（结论）"的语句，当条件项的值改变时触发执行。在这个意义上，守护程序和"When Changed"方法是非常类似的。

专家系统——本章之前介绍的那类基于规则的系统——与框架系统通过方法和守护程序进行操作的模式有着很明显的相似性。实际上，运转基于框架的专家系统是很有可能的。

两者之间的差异并不大，更多体现在系统背后的设计理念上。在框架系统中，各个框架会尝试匹配当前的情况，执行推理过程是为了随时找到适用哪个框架，也就是说，当前的关注点是哪个情况、动作或者对象。如果这个框架不匹配，就将控制权交给下一个框架，关注点也转到了别处。数据片段或者数值可能会发生变化，不过如果这和掌握控制权的框架没有关系，也许就不会产生任何影响。

基于规则的专家系统通常会更受数据驱动。如果一个值改变，可能会触发一些规则，然后生成结论，再进一步触发规则，以此类推。然而，通过采用冲突消解机制，可以设置优先级，这会有效阻止特定规则在特定时间产生影响——和框架系统的方法类似。但必须指出，在人工智能系统的实际应用中，基于规则的专家系统要常见得多，特别是在工业环境中。

机器学习

很多人对计算机所持的最大误解之一是认为计算机无法学习和适应新的变化。当然，对有些计算机而言，或许确实如此，它们只是被编入了程序，而且设计者也只期望它们按照被编入的程序工作。但很多计算机都可以从经验中学习，显著改变它们的操作模式，并从根本上改变行为。当然，计算机必须被赋予了这样做的能力才能做到。 [53]

事实上，人工智能领域的一个重要组成部分就是计算机的学习能力。本章讨论过的那些经典的人工智能，也许没有后面几章要介绍的某些方法那么具有适应性，即便如此，除了依靠人类输入信息，它们自己也有能力做到这一点。

基于规则的专家系统，从定义上看，最初就是通过从人类专家处学习一系列规则而建立的，同时得到的还有一些其他信息，例如问题域的数据表。

产生的是一个规则库，其中的一些规则会在触发时导向其他规则。所以基于输入的特定数据，会有六七条甚至更多规则胜出，它们依次触发，每一条都会触发下一条，直到最终规则推出最终结论。由此可见，为了得到结论，每一条规则需要被依次触发。

就外部世界采取的行动而言，得到的可能是个好的结论——也许抛售股票获得了利润，也许使得警报适时响起。可以奖励参与得出成功结论的每一条规则，这样如果再出现一套类似的输入数据，这些规则被触发的可能性就会变大。这种奖励机制可以通过冲突消解方案中的优先级实现，也可以在基于模糊规则的系统里通过增加条件百分比值来实现。相反，如果最终结论被证明是错误的，那么就通过降低出现概率来惩罚规则。

常用的方法被称为**水桶队列技术**（bucket brigade technique），因为来自输出结论的奖励或惩罚在某种程度上被传了回来。采用的方法、使用的权重以及规则中涉及的灵活性都取决于问题域。例如，出于对安全或者可靠性的考虑，必须确保一些规则不会被改变，那么这些规则就不能参与到学习的过程中。

[54] 计算机本身也有可能生成新的规则。可以简单通过允许条件概率或者冲突消解程序产生小突变来生成新的规则。如果新的规则之后参与得出了正确的结论，就会受到奖励并得到加强。如果它参与得出了错误的结论，每次都要受到惩罚直到其消失。这种学习可以进行到何种程度完全取决于问题本身，以及允许在现实世界中进行多少次试错。

数据挖掘

人类的工作方式是先获取关于周围世界的事实，这被称为数据，然后基于这些信息做出明智、合理的选择。例如，可能只是简单地根据价格来决定要买哪块面包，或者根据时间和地点决定要赶哪趟火车。然而，对很多决策而言，我们现在可以获取的信息范围远远超出了人脑能够应付的程度——这就是信息过载。因此，专门收取一定的费用，只是为了给我们提出建议的公司才会存活下来，例如应该买哪种保险、具体要怎么做。我们依靠他们进行"有难度"的思考。

即使只是购买一个简单的产品，我们都会面临各类过量的数据，供应商、价格、性能指标、保险合同、配送优惠等。我们不想犯傻或浪费时间和金钱。我们希望能因为在正确的时间获得了正确的建议而拿到特殊的折扣，买到便宜货。

不管是由人来执行还是由机器来执行，在特定主题可获取的复杂数据中，提取重要知识片段的过程被称为数据挖掘（data mining）。人工智能系统非常适合做这项任务，因为它们有能力存储海量数据，并从数据中抽取各种关系以实现有意义的模式、连接和链路。

据说世界上的数据量（大约）每年翻上一番——这意味着在十年的时间内（比如从 2002 年到 2012 年）数据量会增长 1000 倍！许多新的研究领域是随着技术进步出现的，每个领域都会输出大量可获取的数据——这些数据没有被很好地理解，往往还不能从中提取出真正的含义。近年来，人类基因组计划（Human Genome Project）揭示了 DNA 的复杂性，现在我们能够研究大脑（甚至是人类大脑）的功能，并试图根据获取的新形式数据来理解正在发生的事情。由此我们可以抓住新的商机，开发新的医疗技术，最重要的是，我们可以更深入地理解周围的科学世界。但我们需要先理解收集到的数据。

[55]

相关性

在很多情况下环境中会充斥着大量不同的数据片段。一方面，我们可能希望发现这些片段之间的相似性、链路以及关系。或者，我们可能想找到最重要的片段。另一方面，我们可能希望根据目前可用的数据来预测未来可能的结果——因此我们需要知道哪些数据片段对预测是有用的，哪些是没用的。

超市购物（supermarket shopping）就是一个例子。对很多人来说，这样的购物是一种定期行为，例如固定在每周四的晚上采购一周需要的物品。一个典型的超市（主要是食品超市）大约会有100种不同类型的产品可供选择，顾客每次到超市购物，我们都可以获得他们的购买数据。

经过一段时间，就可以为个体建立统计联系，看看这名顾客都买了些什么，多久来买一次。类似地，对于不同的产品，也可以从数据中提取联系，看看什么样的人会购买特定商品以及何时购买。这里有个很明确的目标，就是为了能够说出："下周四某个人会走进超市，将购买这种产品和那种产品——如果我们得到了这些信息，根据我们的预测这个人还会购买其他产品。"对于在一个特定时间出现的一个特定的人而言，预测也许不是100%准确的，但是如果有超过100个或者1000个人，预测就很可能做到足够准确（平均而言），从而获得可观的利润。这就是如何从数据挖掘中创造利润的例子。

这里能应用到的一项基本统计技术就是相关性（correlation）——

查看一段数据如何与另一段数据相联系。我们以一个在一年内多次访问超市的人为例，观察他关于牛奶和奶酪的购买记录。可以分析这个人在一年内每周购买了多少牛奶和奶酪，看一看这两段数据如何相互关联。如果一种的购买量增加了，另一种的购买量是否也随之增加，如果一种的购买量减少了，另一种呢？有很多种统计方法可以在这里派上用场，例如主成分分析（principal component analysis），它可以检测出不同数据片段之间的主要联系，例如对一个顾客来说，他购买鞋油的行为可能和购买泡菜的行为密切相关。用计算机可以对 100 种（或者更多）不同产品进行分析。

[56]

应用这项技术已经发现了很多关于超市采购模式的奇怪事实。一个特别有趣的例子是，年轻的成年男子会同时购买纸尿布和啤酒，尤其是在周五的晚上——我把这个问题留给你来得出结论！

决策树

决策树（decision trees）技术可以用来降低问题的复杂度，从而使庞大的数据库变得更容易分析。从本质上看，这种方法会根据用户的需求，将整个数据库分割成更易于管理的若干部分。这样就能轻松地沿着路径来访问这棵树。

在超市购物的例子里，我们可以只考虑女性顾客。这是特定用户的分支，从一开始就只需要考虑与女性顾客相关的数据。男性顾客的分支（总数据集中的一部分）就会完全被人工智能系统忽略。

然而，我们可能还会输入其他需求，产生新的分支，这可以认为是分析的一部分。例如，只考虑每次消费超过 60 英镑，经常购买汤料以及新鲜蔬菜的顾客。相比原本要处理的大量样本（比如说50 000 人），我们可能只用考虑符合这个具体标准的小子集，或许是1000 人，甚至更少，这大大减少了分析所需的时间，同时也将提高分析结果以及随后做出的预测的准确性。

[57] 模糊树

我把决策树描述成了一种逻辑决策程序，用于分割整个数据库。但这并不是唯一的可能性，因为还有**模糊树**（fuzzy trees）。在之前的例子里，说到汤料的购买频率时，我使用了"经常"这个词。我们可以用一种简单明了的（逻辑）方式来定义"经常"，例如每个月至少有一次算经常，（平均起来）达不到的话就不算。相反，我们也可以用模糊的方式来定义"经常"，例如从来不买是 0%，每周都买是 100%，任何处在中间的频率都可以通过关联的百分比进行模糊化——因此可以给每两个月买一次汤料的人关联 26% 的模糊值（只是举个例子）。

用这种方式将决策树模糊化仍然可以降低分析的复杂度，因为要考虑的不同参数（在这个例子里就是食品）数量变少了。然而，得到的最终结果都将关联一个置信度。那些在购买汤料上得分只有 26% 的顾客，与最终结论群体的匹配度不会像得分有 84% 的顾客一样高。

可以对其他的数量进行相似的模糊化处理。在我们的例子里，一名顾客可能每周花 10 英镑购买新鲜蔬菜，而另一名顾客每周花 25 英镑购买相同产品。两名顾客每周都会购买新鲜蔬菜，但很明显我们可能对其中的一位顾客更感兴趣。我们也许更重视高消费的顾客，特别是在做出预测的时候。

一种选择是直接通过进一步细分所记录的值的区间来增加数据库的维度。这不是个好主意，因为在这种情况下，某一时刻的一条记录只会出现在一个新划分的区域（例如蔬菜的高消费者或者蔬菜的低消费者）中。更合适的做法是根据模糊的概念，按照顾客的消费额给每个人分配一个百分比值。随后可以将这个数值与购买频率关联起来，得到个体的总体百分比值。因此，一名顾客可能在蔬菜采购数据库里的总体会员价值是（比如）47%，因为他每次会花 18 英镑购买蔬菜，但每两周才买一次。

应用

[58]

正如我们已经看到的那样，数据挖掘非常适合产品营销，因为它可以分析购买模式和行为，从而为特定人群订制适合他们的精准促销。数据挖掘也适合用来分析商业活动和金融，例如股票市场。

如果想要进行交易，可以先通过数据挖掘预测趋势并估计可能的结果。

数据挖掘还有一个相对较新的应用领域——侦测犯罪活动。首先，可以准确监控人群，甚至是特定个体的典型行为，一旦发现和之前的行为不是特别吻合，就可以立即锁定这种偏离常规的活动。通过这种方式能够识别欺诈等犯罪行为，也能标记被盗用的信用卡。

结语

本章介绍的经典人工智能技术更多是基于让机器／计算机在任务中模仿人类，如果人类完成这些任务，会被认为是智能行为。我们在框架技术中介绍了如何存储信息，在基于规则的专家系统中介绍了如何进行推理并做出决策。毕竟，这样的专家系统只是在试图模仿专家如何处理某些问题。

开发这类系统的动机是什么呢？答案就在人工智能相比人类智能的一些优势里，这给了我们一个实际的理由在这种情况下使用机器——用来代替人类！这些优势包括：处理速度，计算的准确性，存储范围，关联复杂数据，以及能够每周 7 天、每天 24 小时工作的能力。显然，计算机以不同于人类的方式思考！

智能这个概念本身就是个有争议的话题，但每当我们想要认为机器是智能的，就会引发巨大争论。这意味着什么？机器智能与人类智能相比如何？机器真的可以活过来吗？在下一章里，我们将看到支撑这一领域的重要哲学问题。

关键术语 [59]

最佳优先搜索（best first search），水桶队列技术（bucket brigade technique），常识性知识（common sense knowledge），框架（frames），模糊树（fuzzy trees），贪心最佳优先搜索（greedy best first search），爬山法(hill climbing)，局部搜索法(local search)，最速下降法(steepest descent)。

延伸阅读

1. *Essence of Artificial Intelligence*，作者 A. Cawsey，出版商是 Prentice-Hall，2007 年出版。这本畅销书被称为是"一本简明易懂的入门书，适合对人工智能毫无了解的学生"。实际上该书主要介绍的是非常经典的人工智能。不过它确实很好地进行了案例研究，从深度上看似乎是本很简洁的册子。语言平实易懂，作者对涉及的缩略语和专业术语进行了充分解释：读者不需要对编程语言有任何了解。

2. *Introduction to Artificial Intelligence*，作者 P. Jackson，出版商是

Dover，1986 年出版。这本书是一大类人工智能书籍的典型代表，相当重要，非常经典，主要讨论编程语言，和智能的关系不大。如果你想要的就是编程方面的信息，那这是一本非常好用的参考，但如果你感兴趣的是人工智能，那就要避免选择这种类型的书。

3. *Artificial Intelligence: A Modern Approach*，作者 S. Russell 和 P. Norvig，出版商是 Prentice Hall，2009 年出版。这是一本非常好的关于经典人工智能的综合性书籍——在该限定条件下强烈推荐。尽管书名如此，但实际并没有很好地介绍现代人工智能；事实上，此书最后三章的大部分内容都没有涉及。

4. *Artificial Intelligence: A Systems Approach*，作者 M. T. Jones，出版商是 Jones and Bartlett，2008 年出版。该书适合想要实现实用经典人工智能系统的程序员阅读。

5. *Artificial Intelligence*，作者 P. H. Winston，出版商是 Addison-Wesley，1992 年出版。这是一本关于经典人工智能的书籍。现在稍微有一点过时，但是读起来非常流畅，文笔优美地介绍了各种概念。曾经是这一主题的畅销书。

人工智能的哲学

内容提要

　　人工智能背后的哲学在这门学科的发展过程中起到了至关重 [60]
要的作用。机器能思考意味着什么？机器有意识吗？机器有没有可
能在对话中骗到你，让你以为它是人？如果能做到的话，这重要
吗？为了强调整个主题的重要性，我们会提出一些关于我们自己的
基本问题。本章将具体介绍图灵测试、中文房间问题以及有意识的
机器。

引子

　　在讨论智能时，不管讨论的是人类智能、动物智能或是人工智

能，最重要的问题是先搞清楚智能究竟是什么。我们在第 1 章已经探讨过这个问题，并试图从更通用的角度来回答，而不是仅局限于人类智能的范畴。

遗憾的是，我们将通过一些关键事例发现，人们总是希望把人类智能当成特例，这种欲望长期影响着人工智能的哲学研究，学者们努力证明有些人类大脑能做的事情计算机没法做到，并由此得出计算机低人一等的结论。这也可以理解——毕竟我们自己作为人类，容易进入误区，以为人类做事的方式就是最好的方式。

[61] 如果你每天都沉浸于同一件事情，就会很难对它保持客观。去问任何一家公司谁的产品最棒，他们都会告诉你是自家的产品。去问任何一名学者谁的研究项目最重要、最值得资助，他们都会告诉你是自己的研究。为了避免这种情况，我们需要进行外部评估。

路边的很多杂志之所以畅销，仅仅是因为读者能从中读到诸如汽车、洗衣机等产品的测评。我们尊重杂志作者，认为他们作为独立的消息来源，知识渊博，可以全方位地为我们感兴趣的产品提供公正的意见。之后我们可以通过分析所有的事实来做出自己的判断，（根据某种标准）选出最好的产品。

从某种意义上说我们是在以科学的方式做事情——在价格、性能、可靠性等方面进行平衡。在这个过程中，也许某些方面对一个人而言会比对另一个人更重要。

为了研究人工智能哲学，首先我们需要对智能做出独立评估。我们暂时得试着忘记自己是人类，从外部视角审视人类智能。或许最简单的做法是把自己想象成来自另一个星球的外星人，对人类没有先入为主的偏见，你必须为在地球上观察到的实体做出智能评估。

出发点

我们先来看一些可能存在的误解与偏见，也顺便划个重点。我们将看到人工智能并不是非得复制（模拟）人脑的工作。不过确实可以先问一问：我们能通过人工智能大脑来模拟／复制人类大脑吗？

一种可能的思路是提取人脑细胞进行实验室培养，等它们发育好之后再移植到身体里。我们认为这将非常接近人脑。但如果把它放入机器人或者动物的身体里，它真能表现得和人脑一模一样吗？它不曾像人那样生活，不像人那样有过丰富的经历，受过广泛的教育。但这种成长背景同样不是每个人都能有的，不同人脑在表现上也有很大的差异。我们将在第 5 章从实际的角度出发来考察这种特定类型的人工智能。 [62]

然而如果我们采用过去最常用的计算机形式来表现人工智能，那么正如约翰·塞尔所说："对自然过程（例如人类大脑）的计算机模拟（simulation）与实际过程本身是非常不同的。"除非我们用完全相同的材质来构建大脑，否则我们永远没法做到完全相同。当然，理论上我们可以做到非常接近。

因此有观点认为，基于计算机的人工智能将永远与人类大脑存在一些差异。不过值得记住的是，人脑的天性和表现都是多种多样的——我们的分析应该将自闭症、阿尔茨海默病、脑瘫等患者都包括在内。同时必须记住，有些人与其他人的交流方式有限，甚至无法交流——但无论如何，他们仍然是人。

彭罗斯陷阱

在研究人工智能和人类大脑时，我们都有可能掉入简单的陷阱。以随机行为（random behaviour）为例，有人可能会说计算机是以机械的、程序化的方式在思考，而人类可以随机思考。这是不对的——所有人类的思考都来自我们的大脑，因此就会跟大脑的结构有关，也会跟我们在生活中学到的东西有关。外部观察者可能会觉得一个行为看上去是随机的，这仅仅是因为他们不理解背后的原因。你做的任何事、说的任何话都基于大脑发出的信号。就像一个简单的测试，随机做些什么，随机说些什么。不管你做了什么动作或者说了什么话，你都已经做了决定要给出这样特定的反应。

数学物理学家罗杰·彭罗斯（Roger Penrose）说："（人类）大脑的连接存在很大的随机性（randomness）。"这其实说得不对。人脑当然是由高度连接的脑细胞组成的极其复杂的网络，但这些连接是由生物生长造成的，部分由基因决定，部分受到学习经验影响，改变了连接的强度。

有些事情是复杂且难以理解的，但这并不意味着它是随机的。以电话交换机（telephone exchange）为例，观察者如果不了解背后的工作原理，就会觉得它看起来很复杂——但其并不是随机行动，否则我们几乎永远没法打电话，因为会（随机）连接到完全不同的人。 [63]

我们再来看罗杰·彭罗斯另一个有争议的观点，这里面还掺杂了人类的偏见，以及想要证明人类通常更胜一筹的渴望。我们先来了解彭罗斯的观点，他只对人类和计算机做了比较——看看你是否赞同！首先考虑的是某种形式的交流和 / 或指令：

（1）"真正的智能要求必须有真正的理解"，或者概括成"智能需要理解"。换句话说，如果你不能理解事物，那你就不是智能的。

（2）"任何计算机都无法实现真正的理解。"也就是说，计算机永远不能理解。

（3）由此可得："计算机不管进步到怎样的程度，都将永远服从（subservient）我们（人类）。"

第 1 点和第 2 点想表达的似乎是人类理解事物，无论是交流还是对我们周围世界的检视，这是智能必需的关键要素。而计算机也许确实能够做一些事情，比如交流，但它们并不理解自己正在做的事情，因此它们不是智能的。随后第 3 点得出了结论，因为人工智能永远无法达到人类的理解标准，所以人类智能要比人工智能更优越，在此基础上，计算机将永远服从人类。

为了反驳这个观点，让我们将讨论拓宽到包括动物在内的更广义的智能。很多动物好像可以相互交流或者下达指令：我们很容易在牛、蜜蜂和蚂蚁，还有黑猩猩、蝙蝠等动物身上观察到这一点。当一只蝙蝠向另一只蝙蝠发出尖叫或者当一头牛向另一头牛哞哞叫

[64]

时，它们也许对正在发出的声音是有些概念的；确实，它们似乎经常做出回应，同类之间有着互动。一只蝙蝠似乎理解另一只蝙蝠，一头牛似乎理解另一头牛。但我们人类能理解它们吗？我们能和它们交流吗？不能。

按照彭罗斯的观点——因为人类不能真正理解蝙蝠、牛等，我们就没有它们那么智能。所以我们将永远服从它们——蝙蝠或者牛将统治地球！显然这种观点很可笑——正如彭罗斯认为计算机将永远服从人类一样。

计算机可能以不同于人类的方式理解事物；动物可能以不同于人类的方式理解事物；有些人对一些事物的理解也可能和其他人不同。这并不说明谁智能或谁不智能，仅仅意味着智能的方式不一样。正如在第 1 章指出的那样，这都是主观的。

至于彭罗斯的第 3 点，纯粹是好莱坞式的想法，纯属虚构。说机器将永远服从人类也许会让有些人感觉不错，但这毫无逻辑可言。在欧洲人打败阿兹特克人和美洲土著的时候，可以说原住民们拥有"更好的"、更智能的文化。而侵略者带给原住民们的，除了疾病，还有他们无法理解也不曾掌握的先进得多的科技。我们必须意识到，

就算没有人类这种类型的智能，对方也并不会永远服从我们！

弱人工智能

根据人工智能的实际性质，存在着不同的思想流派。这些不同的哲学思想通常被分为三个阵营，可能会有重叠。

机器像人类一样智能地行动或者说机器的行动使它们看起来像人类一样智能，这种可能性被称为**弱人工智能**（weak AI）。这个概念源自第 2 章引用过的马文·明斯基对人工智能的定义，让机器做被认为是智能行为的事情。然而，并不是所有人都接受弱人工智能这个概念。

事实上，即使是现在，计算机也有很多事情比（所有）人类做得好，包括那些我们觉得需要理解的事情——比如下棋。人类每天使用计算机，因为它们的记忆力和数学能力，因为它们在这些领域的很多方面都比人类的表现好。 [65]

强人工智能

机器确实能以和人类完全相同的方式思考，而不是简单地看起来像是模拟人类思考，这种可能性被称为**强人工智能**（strong AI）。

这意味着有可能造出一台完全复制人脑各方面功能的计算机。

如果机器真能完全像人类那样思考，这将引发许多重要的问题。尤其是计算机很可能并不像人类那样有多年丰富的生活经验。它没有在成长过程中经历不同的感觉、实现不同的价值、面临道德的困境。它很可能没有被当成人类对待过。也许最重要的是，计算机的身体，如果有的话（可能是以机器人的形式），很可能和人类的身体完全不同。它有的可能是驱动轮而不是腿，是红外线传感器而不是眼睛。

因此，围绕强人工智能概念的主要议题有心身问题（mind-body problem）、**意识**（consciousness）的概念以及前面讨论过的与理解有关的问题，还有知晓（awareness）问题。也许最值得讨论的是**缸中之脑实验**（brain-in-a-vat experiment）。想象你的大脑有两个版本，一个是正常版本，也就是你习惯的版本；另一个将在下一节介绍。

缸中之脑实验

[66]

当你出生的时候，你的大脑就被转移到一个缸中，它一直是活着的，摄入了足够的营养用以生长并发育连接。在这期间还会向大脑发送电化学信号，假装它处于一个完全虚拟的世界，来自大脑的运动信号被送回这个世界，于是你（你的大脑）可以改变世界，显然也能在世界中活动。这个像《黑客帝国》一样的世界对你来说是真实的。理论上，在这种状态下，缸中你的大脑可能会和在身体里正常发育的大脑一样有相同的感觉和情感。

假设这里讨论的两个版本的大脑发育的方式能在物理上做到完全一致（相同的温度、相同的外界信号、相同的刺激等），那么一切都取决于虚构世界的性质。如果它和现实世界完全相同，我们可能就无从区分，两个大脑一定是以完全相同的方式发育。然而在实践中，模拟的世界是没法做到和现实世界一模一样的，因此在现实中会有非常小的差异——这被称为"感受质"（qualia），与生俱来的经验。

强人工智能的支持者相信两个大脑之间的差异极小，无关紧要；然而反对者认为差异再小也是绝对关键的。

每个人所持的立场是这一哲学讨论的基础。有人是从唯物主义的角度来看待问题，认为这不涉及精神层面，也没有所谓的不朽灵魂，觉得是"大脑产生了心智"。与之相反，有人相信不管涉及的是什么物质元素，只要关系到（人类）大脑，就会有一些不能被测量的但却极其重要的东西存在。

从科学的角度看，前一种情况明显更容易接受。也许存在一些非常小的差异，但模拟的大脑可以与实际的大脑足够接近。

在后一种情况下，争论是没有意义的，有人会认为不管看到了什么，不管我们能体验到或者测量到什么，就是有一些别的东西——可能就像神一样——存在，并且凌驾于所有东西之上。这不是科学的思路。

　　由此引发了两个密切相关可供讨论的话题。首先是**自由意志**（free will）的概念。受到身体构造限制的心智如何实现选择的自由？
[67] 对此，纯粹的唯物主义观点能很快得出结论：自由意志仅仅是个体做出的决定——这些决定是基于其基因构成、个人经历以及在当时感知到的环境而做出的。

　　另一个被更广泛地讨论的话题是关于大脑内部功能更深层次运作的普遍问题：意识，以及相关的理解和自我觉知（self-awareness）问题。例如，我们可以问：闻到玫瑰的味道是什么感觉？接下来可以问：计算机如何才能有这种感觉？进一步可以得出：为什么大脑状态会有某种感觉，但似乎鞋没有任何感觉？于是最终得到的结论是：鞋（因此计算机也一样）没有意识。

　　与意识有关的问题往往会受到以人类为中心的偏见影响，想要科学看待问题就必须克服偏见。首先，身为人类，我们知道做自己是怎样的。我们不知道一只蝙蝠、一台计算机、另一个人、一颗卷心菜、一块岩石或者一双鞋的体验是怎样的。因此我们不应该假定我们知道别的人或者别的东西在想什么。我们当然不应该因为别的东西和我们不一样，就认为它的思考方式不如我们好，或者甚至认为它根本不能思考。

　　其次，人们在考虑问题时经常把人类偏见施加到一切感知的本质上。"闻"到玫瑰的味道需要有人类的嗅觉。闻玫瑰对人类有价值，但不一定对狗有价值。一只鞋，从已有的科学分析来看，似乎就没有嗅觉。

第三，（在讨论时）拿人（假定是普通人）和鞋进行比较，接着就假定计算机和鞋是相似的，从而认为关于鞋意识的结论对计算机也适用。讨论的内容是：如果鞋是没有意识的，那么计算机也不可能有意识！不得不说，我还没有看到过任何一双和计算机类似的鞋。

用这种方式将人和鞋进行比较，再将鞋比作计算机，就好像拿计算机和卷心菜比较，再将卷心菜比作人。卷心菜能解数学题、用英文交流或者开飞机吗？

如果把讨论鞋和计算机的意识问题时用到的逻辑照搬到人身上，[68] 可以得出如果卷心菜不能做这些事情，那么人也不能的结论。显然如此比较很荒谬，同样用这种方式将人与鞋，或者其余无生命的物体进行比较也很荒谬。

理性人工智能

机器在行为上看起来像人类一样智能的可能性被称为弱人工智能，而机器确实能以与人类相同的方式思考的可能性被称为强人工智能。这两种定义都受到了一个事实的影响：我们在以人类为中心进行比较，可以说讨论的出发点就是只有一种智能形式——人类的智能——是其余所有智能形式（包括外星人，如果存在的话！）都仰望着追求的。

事实上，这种独特地位似乎在人工智能的发展早期就已经显露出来，当时计算机还只能进行符号操作。不管那些计算机可以多么迅速、多么准确地工作，都能看出人类具身化生物形式的智能与计算机不具形体的**符号处理**（symbolic processing）之间存在清晰的联系。

现在我们需要的是与时俱进的观点，不仅代表了当今计算机、机器和机器人，同时也包括了生活中能见到的、最广泛意义下的不同智能形式。我们需要对意识、理解、自我认知以及自由意志持有现代、开放的观点，这样才能真正理解现代人工智能。

首先，暂时先假定有一个外星人在地球着陆，它从母星跨越了数十亿英里才来到了这里。它的智能水平很有可能远超人类，因为人类还没办法反过来旅行这么远并一直存活。但如果外星人的生命形式与人类完全不同——或许外星人是一台机器——我们会说它认知不到自己的存在，因为它不像我——一个人类吗？我们会说它没有意识，因为它的思维方式和我们不同吗？外星人也许压根不受我们这些无聊想法的困扰，它很可能并不符合我们对弱人工智能的定义，更不用说强人工智能。

[69]

我们不想像前面介绍的经典人工智能那样，往人工智能的观点里掺杂太多人性化的东西。我们需要涵盖的是分布式信息处理、智能体自治、嵌入性、与环境耦合的感知运动、各种形式的社交交互以及更多这样的特征。人类能展现出这里的每一种特征，但其余动物以及部分机器也能。

我们需要融入心理与认知特征，例如记忆（memory），如果没有记忆我们不可能观察到真正的智能行为。我们还需要接受一个事实：不管行为是由什么性质的存在产生的，只要具有前面提到的特征，就是真正的智能行为。

理性人工智能（rational AI）意味着任何符合这种通用定义的人造物都能智能地行动并可以站在自己的角度、以自己的方式思考。我们并不关心这是否会与人类的智能、思维、意识、自我认知等有任何意义上的相似。弱人工智能和强人工智能这样的概念有限地保留了提出它们时的含义，也就是说可以用于人类形式的智能。

同样，其他符合这个理性人工智能定义的生物也是智能的，会根据它们特有的感官和大脑构造，以它们自己的方式进行思考。

不管是硅基还是碳基，机器的人工智能确实在某些方面与人类智能及动物智能有所不同，但也是智能的一种版本，有自己的表现和特征。正如不同的人有不同的智能体现方式，显然机器也有各种不同的类型，因此人工智能本身也是多种多样的。

人造大脑实验

以人工智能为基础引发了许多有趣的哲学争论，任何没有涉及这一领域的人工智能书籍都是不完整的。首先我们来看看人造大脑实验（brain prosthesis experiment）。对于这个议题，我们必须先假设科学已经发展到了能充分理解人脑细胞（神经元）工作机制的程度，

[70]

并且已经有能力完美地造出具有相同功能的微型设备。

此外，外科技术的发展还要达到这样的程度，可以在不干扰大脑整体工作的前提下将单个神经元替换成等价微型设备。整个大脑被一个细胞一个细胞的替换。一旦替换完成（称为人造大脑），再一个细胞一个细胞的把这个过程反过来操作，将它逐渐恢复原状。

问题来了：对于涉及的个体而言，其意识会在整个过程中保持不变吗？不同的哲学家对此持不同的观点。

假设个体在这两个版本中都去闻了花，存在两种不同意见：

（1）产生感觉的意识在人造大脑中仍然运作，因此和原本的人类大脑一样有着相同的意识。

（2）人类大脑里产生意识的心理事件与行为没有联系，因此在人造大脑中是缺失的，此时没有意识。

也许一旦操作逆转，个体就会恢复意识，虽然同时可能会有记忆损失。

说法 2 是所谓的**副现象**（epiphenomenal），虽然发生了，但对现实世界没有丝毫影响。这几乎没有任何科学依据。无论得到了怎样的结果，也无论人造大脑多么精确地复制了原始人脑，支持者们就是相信人类大脑中有一些额外的东西，即使我们无法测量到它，也无法见证由此产生的任何行动。

说法 1 要求替代神经元及其连接均和原始神经元一模一样。如果假定我们可以用当前的物理技术，完整、准确地建立人脑的数学模型（现在确实还不可能做到），那么当然我们可以用这种方式来进行实验。

一种反对说法 1 的观点认为，虽然也许我们能以非常接近的程度来复制神经元，但我们永远不能复制得丝毫不差。由于混沌行为或者量子随机性产生的细微差异仍然存在，这些差异是至关重要的。注意：类似的早期观点（你也许看到过）也认为关键在于人脑是连续性的，而计算机却刚好相反，是数字性的。第 5 章将介绍以培育生物学大脑为基础的人工智能，这类技术的出现终结了这一争论。

罗杰·彭罗斯提出了另一种更为合理的观点：我们目前对物理学的理解才是罪魁祸首。他觉得对于那些无法复制的非常微小的元素，"这种无法计算的行为或许能在我们已知物理定律以外的物理学领域中找到"。他还认为如果能够发现这些定律，那么说法 1 就很有可能做到。

在人造大脑的争论中，我们并不关心人造大脑是否有意识，而是关心它是否有与原始人脑相同的意识。从之前关于理性人工智能的讨论中可知，人工智能毫无疑问地可以以自己的方式拥有意识。现在我们讨论的问题是，这种意识究竟是否与人类的意识完全相同。

在现实中还存在着若干问题：一方面，正如之前指出的，不管人工神经元模型有多好，实际上，人类大脑和人造大脑还是会存在区别，除非替代神经元恰好就是最初被替换掉的人类神经元。另一方面，模型可能会非常接近，也就是说人造大脑展现出的意识形式与原始人脑的意识形式可能会非常接近，甚至到了（在工程意义上）

没有区别的程度。

更进一步说，无论如何这只是个纯哲学的设想。人脑是极其复杂的器官，充满了高度连接的神经元。哪怕只是通过手术移除一个神经元，造成的整体影响可能可以忽略不计的，但也可能是剧烈的，并伴随着个体行为的完全改变。我们已经有了这样的例子，为治疗帕金森病进行了深部脑刺激后，很容易在人脑观测到这种剧烈的变化。

[72]

中文房间问题

中文房间是约翰·塞尔设计的一个场景，他想借此证明不管进行符号处理的机器（计算机）能够表现得多么的智能，也永远不应该被形容为具有心智、能够理解、存在意识。这已经成为人工智能哲学中的一个基石论点，研究者们要么支持它，要么就试着反驳它。让我们先来看看问题本身。

（在一个房间里的）计算机以汉字作为输入，然后根据程序的指令来生成其他汉字作为输出。

计算机可以非常成功地进行操作，使房间外面说中文的人以为自己是在与会说中文的人进行对话——实际上它通过了图灵测试（将在后文讨论），它可以骗人，让对方相信它本身就是人。

强人工智能的支持者可能会认为这台计算机懂中文。然而，塞尔觉得，如果机器不能理解，我们就不能把它做的事情算作思考。如果是这样，那么，因为它不能思考，它就不具备任何类似正常字面意义上的心智。因此，"强人工智能"是不对的。

假设你在一个封闭的房间内，你（完全不懂中文的英文母语者）有一本英文写的规则手册，里面有这个程序。你可以接收汉字，根据指令进行处理，从而生成汉字作为输出。计算机能让说中文的人以为它也说中文，估计你应该也能做到。

本质上，计算机在前一种情况下起到的作用和后一种情况下你起到的作用是没有区别的。你们都只是简单地遵循了一个模拟智能行为的程序。虽然（如同我们假设的那样）你一个汉字都不认识，[73] 只是根据指令行事。由于你不懂中文，我们可以推断计算机也不懂中文——因为你和计算机在这里的功能完全相同。因此，塞尔得出的结论是，运行计算机程序并不会产生理解。

意识的出现

塞尔的观点本质上就是你（一个人）比机器要多出一些东西：你有心智可以理解中文，而你的心智是通过你的大脑实现的。塞尔表示："（人类）大脑是一个器官。意识（和理解）是由大脑底层的神经元活动产生的，这是大脑的一种特征。它是随着大脑出现的属性。"他还表示："意识不是任何单个元素的属性，也不能简单解释成是那些元素属性的总和。"他总结道："计算机这种设备适合用来模拟大脑的运行过程。但就像模拟的爆炸本身算不上是爆炸，模拟的心理状态也算不上是真正的心理状态。"

这里（塞尔的结论）的最后一句话很重要，很好地驳斥了强人工智能这个概念——就像前面讨论的那样。不过，塞尔在给出的观点里也提到了很多其他重要想法。

首先是一个概念，你（一个人）有一些计算机没有的额外的东西（意识），并且这是随着你的大脑而出现的属性——通过你的人类神经元和它们之间的连接！这可以被看成是副现象，因为是人类神经元的"属性"产生了心智，但这些属性并不能被其他人探测到，否则它们也许就能被计算机模拟出来从而实现强人工智能。人类大脑中的这些额外差异或许就是彭罗斯提到的感受质。

[74] 另外，这是一个很好的例子，证明了为什么有的人工智能研究者认为人类智能是特殊的。即使没法测量到，但我们似乎还是认为人类大脑比机器大脑要多出一些东西。这个讨论是以人类为中心的。它用到的是人类语言，能使人联想起各种生活经验以及细微差别。机器没有体验过人类的生活，它真有可能像人类一样理解这种语言吗？这确实是塞尔想说明的问题——不管我们如何试着用计算机来复制人脑，它永远不可能做到一模一样——除非它本身就是由人类神经元组成的，并且经历过人类生活的某些方面。

中文房间的观点可以从几个方面加以反驳。例如，我们可以调转过来从对机器有利的角度来看问题，考虑使用机器码进行交流——其他条件完全相同。你现在遵循的是一系列机器码而非中文的指令。前提是不管你怎么学习，机器码对你来说都毫无意义，你没法理解它，但据我们所知，计算机很可能会理解机器码。这场讨论的最终结论可能是，虽然机器能有意识，但人类不可能有意识。

塞尔以很多不同方式提及他的中文房间问题。他说"人类有信念，恒温器和加法机没有"，还有（前面提到过）"如果鞋是没有意识的，那么计算机怎么能有意识"。如前所述，根据完全相同的逻辑，我们可以说如果卷心菜是没有意识的，那么人类怎么能有意识？

关于人类理解和意识，从这里能得出的最重要的结论是：它们可能（如同塞尔假设的那样）是随着人类神经元的集体行为而出现的属性。我们将在第5章对此进行更深入的研究，并得出有趣的结果。

技术奇点

从机器智能的研究中收获到耐人寻味也至关重要的一点是：它不仅有潜力达到人类智能的水平，甚至到了某个阶段还能反超。这一观点认为，正是智能使人类在地球上处于相对强势的地位，如果出现了智能水平更高的东西，就可能对人类的统治地位产生威胁。计算机在很多方面已经超越了人类——数学（计算）、记忆、感官能力等。也许超级智能机器的出现只是时间问题，然后它又能设计制

[75]

造出更多的超级智能机器，并照此发展下去。

文奇（Vinge）在 1993 年提出用"技术奇点"（technological singularity）来形容这种人类可能失去控制的情况。他说："在 30 年内，我们将有技术手段可以创造超级人工智能。"莫拉维克（Moravec）认为："机器人将在 50 年内达到并超过人类智能水平——它们将成为我们的心智后代（Mind Children）。"

有趣的是，因为这一潜在威胁，有些人（为了安全？）将科幻小说家艾萨克·阿西莫夫（Isaac Asimov）提出的**机器人三定律**（three laws of robotics）奉为圭臬，仿佛这样他们就有了些科学依据。定律包括：

（1）机器人不能伤害人类，也不能对受到伤害的人类坐视不理。

（2）机器人必须服从人类命令，除非会违反第 1 条。

（3）机器人必须保护自己，除非会违反第 1 条或者第 2 条。

虽然这些定律纯属虚构，但在有些人看来它们是机器人必须严格遵循的准则。让我们明确一下——这只是虚构的想法，仅此而已。此外，还不清楚是否有任何现实世界里的机器人是根据这些定律来工作的。事实上，看看现在的很多军用机器人，就会发现它们在日常使用中公然违反了全部三条定律。

由于人类可能对机器失去控制，为了应对这样的意外，很多研究者建议将人类与技术融合起来。库兹韦尔预言"人类思维与机器智能世界的融合是大势所趋"，他还进一步指出，"人类与计算机之间将不再有任何明显的区别"。

斯蒂芬·霍金（Stephen Hawking）尖锐地评论道： [76]

> 与我们的智能水平相比，计算机的表现每 18 个月就要翻上一番。危险确实存在，它们可能将发展出智能并接管世界。我们必须尽快开发出能直接连接大脑与计算机的技术。

霍金提出的这个领域的研究实际已经进行了一段时间，部分原因是为了能够使用这项技术来帮助肢体障碍人士。而增强人类的领域也迅速发展，为人类研究新的感官输入以及新的交流手段。半机械人的时代——一半是人，一半是机器——已经开启。

图灵测试

可以说，关于人工智能最具争议当然也最广为人知的哲学讨论当属图灵测试。事实上，它最初是在 1950 年由艾伦·图灵作为一个模仿游戏提出的。他想看看"机器能否思考"，或者更确切地说是"机器是否智能"，并希望按照我们评判人能否思考或是否智能时采用的方式来做出判断。

如果我们想测试另一个人的智能水平，我们可能会对其提问或者与其一起讨论问题，在此基础上得出我们的结论——基本上和工作面试的标准流程差不多。所以也许我们对机器也可以这么做！

　　图灵在考虑计算机的智能水平时，并没有列出一整串的智能特征进行对照，这种特征很多都具有争议，有些甚至毫不相干。他提议的是测试机器相对人类的不可区分性。他的想法是：如果你和计算机交流了一段时间后，还无法分辨它与人类的区别，那么你得承认它和人类具有相同的智能。

　　测试的基本形式是这样的。询问者面前摆着键盘和计算机屏幕。

[77] 屏幕背后一半是计算机应答者，另一半是人类应答者。人类与计算机应答者都被隐藏起来，可能在另一个房间，唯一允许的是通过键盘以及屏幕进行交流。询问者有五分钟时间与两个未知实体讨论"他"喜欢的任何事情。时间结束后，询问者必须判断这两个隐藏的实体哪个是人类，哪个是计算机。计算机的目标就是骗过对方，不是证明自己是人类，而是证明自己比那个隐藏的人类（hidden human）更像人。

　　图灵在 1950 年说过：

　　　　我相信在大约 50 年内，就有可能可以通过对计算机编程……让它们在模仿游戏中出色发挥，以至于一位普通的询问者在五分钟的询问后判断正确的概率不会超过 70%。

　　这就是后来众所周知的图灵测试。

　　图灵的用词有点绕圈子。他的意思是，为了通过图灵测试，计算机需要骗过普通的询问者，让他们在超过 30% 的时间里做出错误结论。

对计算机有利的是，它不需要让询问者认为自己是人而隐藏的人类是机器，虽然对计算机而言这是最好的结果。相反，只要询问者不确定谁是谁，或者认为两个隐藏实体是相同的，都是人或都是机器，计算机就能得分——因为这些都算错误结论。

但从另一个角度看，计算机的任务实际上非常艰巨。可以考虑有一个人代替机器坐在屏幕的后面，我们现在有两位人类应答者，都努力让询问者相信他们是人，另一个实体是计算机。实际上询问者会选择两个里面他认为最像人的那个。平均而言，我们期望一个人拿到 50% 的分数；然而，如果分数超出了这个值，就意味着另一个人的分数将不到 50%。显然，一个智能水平不错的人如果和另一个人对决，有可能（事实是非常可能）得分低于 30% 从而无法通过图灵测试。这样看起来图灵测试是个相当大的挑战，计算机必须让询问者觉得它比很多人要更像人类。 [78]

虽然用任何语言都一样，但测试通常是以英文进行的。隐藏的人类应答者是怎样的呢？他们是成人、孩子、英文母语者还是专家，他们有没有疾病（例如痴呆症），他们努力扮演人类还是机器？图灵没有规定这些隐藏人类的确切性质，这本身就提出了一个有趣的问题，计算机究竟是在和谁（哪种人）进行竞争。

（对实际想进行这项研究的人而言）测试的另一个问题是**普通询问者**（average interrogator）的概念。在任何实际的测试中，总会有相关人士成为询问者。其中包括计算机科学教授、哲学家、记者，甚至学人工智能的学生——这些人在这种情况下全都不能算作普通询问者。

要做到真正统计意义上的"普通",需要考察大量的询问者,包括不会使用计算机的人,没法理解需要做什么的人,非母语者,非常年幼的孩子,来自各行各业的人,等等。实际的结果很可能有助于显著提高计算机的表现,因为任何不确定性或者无法做出"正确识别"的情况都是对计算机有利的。

图灵测试实际上是在测试什么?

图灵并没有回答"机器能否思考"这个问题,他只是提出了这个游戏。这个测试或称游戏表明机器"似乎"以与人类相同的方式思考(如果它能通过的话)!但我们可能会问,如果测试的是人,我们能不能做得更好——我们怎么知道应答者确实是在思考?

其实除了通过问答收集到的信息以外,测试并没有处理诸如意识或者自我认知方面的问题。因此问答的性质成了一个重要因素。

[79]　　图灵自己说过:"智能行为大概是对完全循规蹈矩的可计算行为的背离,但只是很轻微的背离,并没达到完全随机的程度,也不是毫无意义的重复。"因此,图灵测试的询问者需要想办法通过对话在这方面进行刺探。

截至本书出版时(2012年),还没有计算机正式宣布自己通过了图灵测试。但图灵不是推测到 2000 年，可能可以通过编程使计算机通过他的测试吗？来看看图灵的原话是什么。首先（在 1950 年），他说的是"大约"需要 50 年的时间，而不是"正好"；其次，他说的是有可能可以通过编程使计算机通过测试——不是一定会有计算机在 2000 年通过测试。但我们还是应该看看现在已经发展到了怎样的程度。

洛布纳竞赛

"官方"偶尔会举办规则严格的图灵测试来评估当前的进展。但每年都有休·洛布纳（Hugh Loebner）赞助的公开比赛，比赛遵循图灵的一些规则，虽然通常不能做到跟图灵的本意分毫不差，但从中我们也可以大概了解一些现状。最重要的是，它对询问者、机器，甚至隐藏人类的会话特征都给出了一些有趣的洞察。

每年的洛布纳竞赛都会从入围机器中评出最佳会话机器。比赛形式是轮流对四台隐藏的机器和四个隐藏的人类展开平行配对比较（如前所述—— 一人一机），每轮进行 25 分钟的测试。每个询问者需要识别每组测试对中的机器和人类，并将 100 分的总分分配给该组测试对（所以如果应答者 A 得到 49 分，应答者 B 得到 51 分，就意味着在这组中，B 稍微比 A 更像人类；但如果应答者 A 得到 94 分，应答者 B 得到 6 分，就说明询问者相信应答者 A 几乎肯定是人类，而应答者 B 是机器）。

[80] 随着人工智能和机器技术的不断发展，人们可能会期待机器在每年的洛布纳竞赛中拿到的最高分将逐年提高。在 2001 年的竞赛中，五位询问者里有两位认为其中一台机器比隐藏人类更像人。然而，在 2006 年的同一个竞赛中，机器没有赢过人类。事实上，在 2004—2006 年的三年间，单台机器从单个询问者处能拿到的最高分是这样的：2004 年 48 分，2005 年 45 分，2006 年 28 分。

很难指出这背后的原因究竟是什么。或许是裁判（judges）/ 询问者们的期待随着他们越来越清楚如何诈到机器而提高了，又或许确实是机器本身的表现更糟糕了？最重要的是，从 2003 年到 2007 年，没有一台机器能够骗到任何一位询问者，使对方误以为自己是人类，而在 2003 年前它们还经常能成功。

一个可能的原因是休·洛布纳坚持每场测试持续 25 分钟，而不是图灵规定的 5 分钟。另一个主要原因是禁止联网（人工智能的一个重大优势），因为担心会有人类联入，为了拿到休·洛布纳提供的奖金，假装扮演一台在假装扮演人的机器！

机器能讲笑话吗？

如何在对话中揪出对方是机器呢？比如通过幽默来识别机器是否可行？当然，你可能会说机器没有幽默感。有哲学家（里克曼，

Rickman）在 1999 年断言："计算机，不管展示出怎样的人工智能，都是不能编笑话的。"如果他是对的，机器就会很容易被识破。机器有可能在对话交互过程中"创造"（从它的语言储备中产生）出原创答复并被人类接收者认为是在开玩笑吗？这里需要考虑的一点是，很多参赛的机器是通过与人类的大量对话来学习如何交流的。

来看看从洛布纳记录中摘取的几例对话。这是在比赛过程中由一台名叫杰伯维克（Jabberwacky）的机器给出的实际回复：

> 询问者：好吧，但你总是正确（right，同时有"正确"和"向 [81]
> 右"这两种含义）吗？
> 杰伯维克：有时候我被留下（left，同时有"留下"和"向左"
> 这两种含义）了。

> 询问者：到底多小算是小？
> 杰伯维克：小。
> 询问者：对，但我问的是究竟有多小？
> 杰伯维克：非常小。

> 询问者：那你怎么不接管世界？
> 杰伯维克：我不知道要拿它来干吗……毕竟我已经非常忙了。

这些例子用来说明机器能多么令人惊奇地妥善应对一些与人类

风格很像的对话，这甚至可能会使一两位哲学家感到不安。

图灵 2008

　　为了评估比赛的进展，2008 年的洛布纳竞赛是在雷丁大学举行的。作为特殊情况，比赛征得了休·洛布纳的同意，严格按照图灵测试的规则，由各位询问者对一系列机器 / 人类配对进行了 5 分钟的测试。弗雷德·罗伯茨（Fred Roberts）的埃尔伯特（Elbot）最终胜出，它成功欺骗了 25% 的询问者（30% 是图灵的"及格线"），被他们当成了人类。所以可能机器已经相当接近图灵测试的标准，但还没能完全通过。奇怪的是，埃尔伯特在被询问者问到时，公开承认了自己是机器人！

　　2008 年这届比赛的询问者包括软件工程师、科学家、哲学家以及记者——当然算不上图灵口中的"普通询问者"。

　　多年来，询问者们使用了各种策略来让参赛的机器露出马脚。提问数学问题是行不通的，因为机器们并不傻，它们会像人类一样不太能答上来。可能问时事问题或者就地取材会更好。比如可以讨论天气怎么样，或者墙上刷的是什么颜色。关键不在于机器给的是不是"正确"答案，而在于这是不是人类可能给出的答案。

[82]　　或许你可以来看看自己能不能成为优秀的询问者。在雷丁的这场比赛中，有一位询问者对很多隐藏实体都问了同一个问题：

你觉得今早天气如何？

以下是三条不同的回复，分别来自一名男性、一名女性和一台机器。你能看出谁对应哪条吗？记住这是发生在 2008 年 10 月的事情，他们都知道此时英格兰正处于秋天。回复如下：

（1）"我确实喜欢多雾的早晨，能增添某种神秘感。"

（2）"不算最好，感觉会有海盗从雾中间冒出来。"

（3）"这会儿的天气可不算好，除非你喜欢雾。"

所以谁对应哪条？答案在本章最后给出。

接下来是使机器"超级哈尔"（Ultra Hal）被询问者评为"人类"的一段对话：

询问者：早。

超级哈尔：早上好，裁判。

超级哈尔：现在差不多八点，也许你已经吃过东西了。

超级哈尔：明白？

询问者：是的。

如果一个实体被认为是机器，询问者也需要根据对话以 100 分为满分给出分数，以表示对方人性化（humanness）的程度。接下来这段对话中的应答者是一名母语不是英文的女性（人类），询问者认为她是机器，并给她打了 40 分——可见询问者相当肯定她是一台机器。

> 询问者：让我们开门见山吧。你是人类还是计算机？
>
> 隐藏人类：你觉得呢？
>
> 询问者：这在我看来就是典型的计算机式回答。

[83]　　下面是最终胜出的机器埃尔伯特的一段对话，它成功进行了双重欺诈，使得询问者认为它是一名成年男性：

> 询问者：好，有道理，我不再说俚语了。你还好吗？
>
> 埃尔伯特：请稍等！我要开始我的自检算法，会通知你结果的。
>
> 询问者：有意思，如果你是计算机你就会这么说，对吗？

　　2008 年的这次竞赛有个很有趣的特点，询问者有好几次被机器骗到，把对方当成了人类，但他们不光没有意识到错误，甚至还觉得自己表现得很好，轻而易举地在每组测试中选出了哪个是人类、哪个是机器。

　　一位询问者是来自《泰晤士报》的记者，他随后在报纸上发表了一篇文章，描述找出那些机器有多么简单——尽管实际上他被骗了好几次。同样的情况也发生在另一位询问者身上，这是一名在大学工作的哲学家，他之后在一篇学术论文中写道"几轮问答通常就足以让人确定"谁是机器。实际上这名哲学家（以及他的同事们）的识别错误率达到了 44%，大大超出了图灵的 30%！

从 2008 年的整体情况来看，很明显机器在对话中的表现还没有达到图灵设定的水平。然而它们中的佼佼者正在变得相当接近。很难说当机器达到图灵的目标时它已经发展到了怎样的程度——只知道它通过了图灵测试。这个游戏不光是有趣的练习，也是人工智能发展过程中的重要里程碑。正如你从这些例子及相关故事中看到的，它还告诉了我们更多关于我们自己的事情。

可以说任何机器都很难通过测试。图灵自己认为：

> 可能有人会批评这个游戏的规则对机器很不利。如果人类想要假装成机器，显然他会表现得很差。他会因为运算缓慢以及不准确马上出局。难道不能把机器执行的什么事情当成是思考吗，虽然其与人类的思考形式完全不同？这是一个很强烈的反对意见，但至少可以说，如果能造出一台机器令人满意地玩好模仿游戏，我们就不会被这个问题困扰。

[84]

从不能的角度论证

显然如果将人类和机器进行比较，我们会发现在很多事情上现在的计算机可以做得比人类好——尤其还包括我们觉得需要理解的事情，比如下象棋、解数学题、从海量的记忆中回忆事件等。

图灵说的"从不能的角度论证"（argument from disability）是人

类以防御的方式针对机器的能力提出的一类论点。我们知道机器能把很多事情做得很好；然而这似乎会激发一些人的防御态度，他们认定不管机器能做什么，人类总要多出一些东西。确实，这也是中文房间问题的基础。

按照图灵的说法，有人会说："机器永远不能……"图灵举了一些例子："善良，随机应变，美丽，友好，有进取心，有幽默感(sense of humor)，明辨是非，犯错，坠入爱河，享受草莓和奶油，等等。"

事实上，计算机没理由做不到以上任何一件事情——确实，本章我们特别深入地研究了一个这样的例子：幽默感。计算机是不是完全按人类的方式做到了这些，它是不是像人类一样"理解"了自己在做什么，该行为究竟对机器有没有意义，这些都是完全不同的问题。

然而，我们没法知道另一个人"理解"或者"感觉"事物的方式是否与我们完全相同。其他人可能会声称自己理解，他们也确实这么认为——但他们真的理解了吗？我们如何确定这一点？

机器能做到很多人类做不到的事情——飞行就是个很好的例子。[85] 这并不等于机器样样比人类强，这只是一个特征。谁要是因为我们不能飞，就得出结论说人类已经不如机器了，那他就是个傻瓜。

所以当我们指出某些事情是人类能做到但显然机器可能做不到的时候，我们需要对由此得出的结论保持理性。这项任务在某种意义上是一个重要的决定性问题吗？毕竟大部分机器都只是专注于我们要求它们做的事情——我们通常不会期待一架飞机能闻到玫瑰的香味或是可以讲冷笑话。

如果我们是在尝试造一台（在身体上和心理上都）精确复制人类的机器，那批评机器在特定特征上没做到一模一样可能是有道理的。但是，从来没有机器是被这么设计的。所以为什么要期望机器可以做人类能做的一切事情，以及那些人类能做并且还会继续做下去的事情呢？

当我们考虑从不能的角度论证中文房间问题和图灵测试时，我们最需要搞清楚的是，比较是为了证明什么？是将哪台机器和哪个人进行比较？机器和人都有许多不同的版本，以及许多不同的能力，我们能按自己的想法进行概括吗？在某种意义上，也许最重要的是，这种比较真的重要吗？如果机器没法闻到玫瑰的香味或者喝不到茶，就能把人类从被智能机器接管的危机中拯救出来吗？

结语

在上一章中，我们研究了采用自上而下思路的经典人工智能。这就像精神科医生的测试一样，从外部视角来看待人类智能。因此人工智能计算机在某种程度上复制了人类处理问题时遵循的基本规则以及大脑可能的工作方式。

因为经典人工智能是以这种思路来进行研究的，很自然下一步人们就想看看计算机在智能方面的实际表现能跟人类有多接近。我

[86] 们在本章已经看到，由此出现了以人类为中心的哲学比较分析。多年来，在某些方面计算机已经能表现得比人类更好，然而在另外一些方面——例如与人类的交流，根据图灵测试的结果来看——计算机也许还不能表现得和人类完全一样。

从经典人工智能中产生的防御性哲学非常值得注意。常见的大部分哲学背后的基本论点似乎是："计算机能做很多人类能做的事情，但人类肯定有一些多出来的东西！"这个多出来的东西被称为意识—— 一个抽象术语，因此可能没法科学地证实或者证伪。不过很遗憾，我们在走向自下而上的现代人工智能方法时将发现，许多对经典人工智能而言似乎站得住脚的哲学论点被迅速推翻了。

艾伦·图灵在 60 多年以前见证了这一点，并体现在了他以"不能"来论证的分类中："机器可以做各种各样的事情，但它们不能……（不管这里填什么）"尽管图灵给出了极具洞察力的提醒，大部分经典人工智能的哲学论点还是被他言中了。例如从中文房间问题得出的结论就是如此。

下一章我们将研究人工智能的一些现代方法，可以单独使用，或者综合使用，如果能提供期望的最终结果，还可以结合介绍过的经典方法一起使用。接下来将介绍神经网络、演化计算以及遗传算法！

（1）是机器，（2）是男性，（3）是女性，你猜对了吗?

关键术语

普通询问者（average interrogator），缸中之脑实验（brain-in-a-vat experiment），意识（consciousness），副现象（epiphenomenal），自由意志（free will），强人工智能（strong AI），符号处理（symbolic processing），机器人三定律（three laws of robotics），弱人工智能（weak AI）。

延伸阅读

1. *Introducing Artificial Intelligence*，作者 H. Brighton 和 H. Selina，出版商 Icon Books，2007 年出版。这本书试图涵盖人工智能总的历史以及哲学背景。对非人工智能领域的读者当然很友好，但是没有给出详细的深入解释。涉及的哲学问题主要集中在语言相关的某些方面。如果读者想要了解全面的概述，这本书可能不太合适——尤其是对工科或者理科的学生，它可能更适合艺术背景的读者。 [87]

2. *Beyond AI: Creating the Conscience of the Machine*，作者 J. Storrs Hall，出版商 Prometheus Books，2007 年出版。这本书回顾了人工智能的历史并预测了未来的成就。它探讨了人工智能对社会意味着什么，以及技术与人类的关系。它主要关注人工智能的伦理以及社会影响。

3. *Minds and Computers: An Introduction to the Philosophy of Artificial Intelligence*，作者 M. Carter，出版商 Edinburgh University Press，2007

年出版。如果想更多地了解人工智能哲学，推荐阅读这本书——它对重要的哲学问题进行了深入的思考。

4. *The Age of Spiritual Machines: When Computers Exceed Human Intelligence*，作者 R. Kurzweil，出版商 Penguin Putnam，2000 年出版。该书作者对人工智能的未来以及智能机器与人类可能的关系有着很多远见卓识。

5. *Views into the Chinese Room: New Essays on Searle and Artificial Intelligence*，J. Preston 和 M. Bishop 编，出版商 Oxford University Press，2002 年出版。这本书收集了本领域所有顶级哲学思想家关于中文房间这一特定主题发表的论文，广泛呈现了各种想法。

现代人工智能

内容提要

近年来，现代人工智能更加注重自下而上的技术（bottom-up techniques）——就是选取一些基本的智能构件组合到一起，并让它们学习和发展一段时间，再来看进展到了哪里。本章我们会逐渐引入人工神经网络、遗传算法和演化计算。在应用这些方法时数学很容易变成主角——不过在接下来的叙述中并非如此。相反，我们的目标是在不影响理解的前提下尽可能简单明了地介绍这一主题，还想挖得更深的读者可以进行更深入的数学思考。

[88]

引子

我们在第 2 章中看到了经典人工智能方法如何从外部审视大脑

的运转，并根据观察的结果尝试在人工智能系统中复制大脑的表现。这种方法在处理定义明确，且有一套清晰规则可遵循的任务时尤为成功，特别是那些要求在相对较短的时间窗口中处理大量规则的任务。机器在记忆提取速度上的优势在此发挥了重要作用。

[89] 然而，如果需要观察局势并与过去学到的经验进行粗略比较，经典的人工智能技术就不太好用了——而这是智能极其重要的组成部分。事实上，对很多生物而言，这项智能特征每天都会用到。经历生活，找出什么行得通、什么行不通，之后再遇到略有不同的新情况，就根据之前的经验以尽可能好的方式处理。为了更好地解决这个问题，我们要从根本上了解大脑是如何工作的。

现代人工智能的第一个支撑理念是考虑生物大脑如何根据其基本功能来运转，如何学习、如何进化，以及如何随着时间的推移而适应。第二点是需要获得一个相对简单的模型来代表大脑基础元素——如果你喜欢的话可以称之为构件。第三，通过技术设计来对这些构件进行模仿——可能是一段电子线路，也可能是一个计算机程序，其目的就是模拟出构件。然后将人工构件拼接到一起，并根据不同的方式进行修改，从而使它们以类似大脑的方式运转起来。

也许有人研究的目的是通过一个人工版本来以某种方式复制原始大脑。但研究者们更可能只想从生物运转机制中获得灵感，再将其应用到技术设计里。这种做法将使人工版本受益于原始生物大脑的一些优势——例如，能对结果进行概括归纳，或是能轻而易举地将事件分类。

首先，我们将看看生物大脑的基本组成部分，这样我们就能随之考虑将一些基础元素的模型拼接到一起。

生物大脑

生物大脑中的基本细胞，即神经细胞，被称为神经元（有 neuron 和 neurone 两种写法——这是一回事）。普通人脑里有大约 1000 亿个神经元。每个神经元都很小，通常直径为 2~30 微米（相当于一枚小硬币厚度的千分之一）。神经元连接在一起，形成一个极其复杂的网络，每个神经元都有超过 10 000 条连接。

不同的生物有不同数量的神经元，所形成网络的复杂度也不同。[90] 蛞蝓和蜗牛的神经元数目从几个（海蛞蝓有 9~10 个）到几百个不等。即使在这些例子里，此类大脑的结构与功能也并不简单。每个神经元相互都略有不同——不过有一些是非常不同的——不仅在大小上有所差别，与其余神经元的连接强度以及所连接的神经元都是不同的。

就人类而言，那些用于处理人类感官所捕获信息的感觉神经元，专门处理捕获的视觉、声音等信号。同时，那些用于发送信号以移动肌肉的运动神经元，也专注于这项工作。还有处理计划、推理等问题的神经元。每个神经元的结构都相对简单，但多个神经元

就可以用一种复杂的方式协同工作，生物大脑确实是一个强大的
工具。

　　每个神经元都由以细胞核为中心的细胞体组成。如图 4.1 所示，
许多被称为树突的纤维通过来自其他神经元的信号刺激细胞体。同
时，信号又从神经元沿轴突传递，轴突随后分岔，并连接到其他神
经元的树突，接触的部分被称为突触。

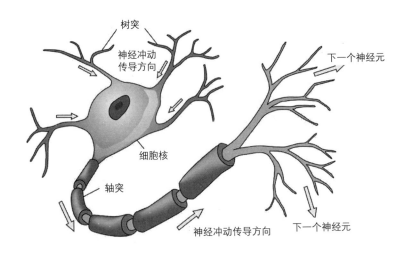

图 4.1　神经元的基本结构

　　通常神经元处于静止状态，同时会沿着其他若干神经元的树突
接收以电化学脉冲形式（脉冲在本质上既是电的也是化学的）发
出的刺激信号。接收到的每一个脉冲都会改变细胞体的电位（电
压）——有些树突会增强细胞电位信号（称为兴奋性的），而有些
会使之减弱（称为抑制性的）。在某一时刻，如果树突上的总信号

达到一个特定的阈值，细胞就会被触发，向它的轴突发出一个被称为动作电位的电化学脉冲，由此传递到其他神经元以帮助它们依次触发。神经元在这样触发后不久，又会回到静止状态，等待其树突上的脉冲再次形成。反之，如果没有达到阈值，就不会触发神经元。这是一个全有或全无的过程——神经元要么被触发，要么不被触发。

对大脑一部分横截面的观察显示，不同大小的神经元在一个极其复杂的网络中连接到了一起——有些轴突很长，有些很短；一个神经元可能连接到另一个神经元，而另一个神经元又反过来连了回来；连接可能有完全不同的规模和强度，正如前面讨论的那样，可能会增加阈值总和（兴奋性的）或使之减少（抑制性的）。纯粹因为位置的缘故，从神经元出发的大量连接只连向了附近的神经元，但也有一些连到了相距很远的神经元。 [91]

这种结构部分来自遗传，受到双亲以及祖先大脑构成的影响，部分来自个体本身的大脑发育，被生活经验所塑造。随着个体的学习，其大脑轴突和树突连接的强度会增强（正面地）或减弱（负面地），使个体更可能或更不可能按特定方式表现。因此大脑具有极强的可塑性（plastic），因为它会适应并能以不同的方式工作，这取决于它接收到的信号模式以及与之相关的奖励或惩罚。

正确应对某一特定事件意味着与决策相关的神经通路可能会得到加强，这样在同一事件再次发生时，大脑更有可能做出类似的选择。同时，错误应对某一特定事件意味着相关的神经通路可能 [92]

会被削弱，这样在下次遇到该事件时，大脑就不太可能犯相同的错误！

这是生物大脑生长、运行和发育的基础。源自这种网络结构及其学习方法的设计思想成为**人工神经网络**（artificial neural network，ANN）的基本组成部分，目的是通过技术手段来实现原始生物大脑的某些特征。

在开始研究 ANN 之前，先要认识到，几乎可以肯定，我们的目标不是精确复制原始生物大脑，而是通过从大脑运行方式中获得的灵感来构建 ANN。首先，人脑约有 1000 亿个细胞，而一个典型的 ANN 可能只有 100 个甚至更少。尽管如此，ANN 仍然成为极其强大且用途广泛的人工智能工具，能在诸如输电线路的导线布置、辨认伪造的签名、识别并理解语音以及锁定信用卡使用过程中的欺诈行为等方面做出决策。

基本神经元模型

我们已经看到了生物神经元是如何工作的。构建人工神经网络首先要为单个神经元建立简单模型，这个模型要么可以编程到计算机里——这样我们就能通过计算机程序来建立 ANN——要么可以用电路来实现。无论是哪种情况，总的目标都是将多个独立神经元模型（neuron models）连接到一起来构建 ANN。

神经元在其输入端（树突）接收多个信号，每个信号都或多或少地产生影响。将这些信号相加并与阈值水平进行比较。如果总和达到或超出了阈值，则神经元触发；如果总和低于阈值，则不触发。在这个基本意义上，人工神经元的运作方式与生物神经元相同。

图 4.2 所示神经元模型通常被称为麦卡洛克－皮茨模型，以在 [93] 1943 年提出模型的两位科学家（沃伦・麦卡洛克和沃尔特・皮茨）的名字命名。其运行机制如下。输入的 x 和 y 乘以它们关联的权重 W_1 和 W_2 之后相加。然后将总和与偏置项（bias value）b 进行比较。偏置实际上是一个输入值加权和必须超过的负数。所以，如果输入值加权和等于或者大于 b，神经元触发，输出为 1；如果和小于 b，神经元不触发，输出为 0。输出可以再乘以本身进一步的权重，然后接着输入到下一个神经元。

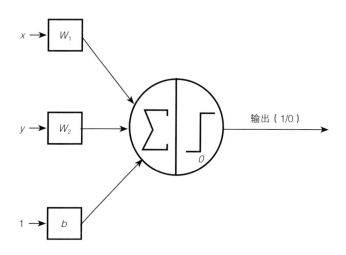

图 4.2　神经元的基本模型

例如，假定某刻 x 为 2，y 为 1，W_1 为 2，W_2 为 -2，而偏置项 b 等于 1。所以 W_1 乘以 x 是 4，而 W_2 乘以 y 是 -2，和为 2。将和与偏置项 b 比较之后可知这种情况下输出是会被触发的，因为 2 大于 b 的值 1——也就是说和大于阈值。

[94]

当然，我们不是非得局限在两路输入（图 4.2 中是 x 和 y）；可以有任意数目的输入，每一个都与自己的权重值相乘。为了和阈值进行比较，所有的输入都必须先乘以它们对应的权重值，然后再进行求和。

虽然这里阈值的作用与其实际在神经元里的作用非常类似，但上述只是神经元模型的一种可能的运行机制。输出也有可能会在两端摇摆，触发时为 1，未触发时为 -1（而不是 0）。这种替代模型也有其道理，灵感同样源于生物神经元的工作方式。

事实上，对研究者而言，最受欢迎的似乎是 Sigmoid 函数（也被称为泄露阈值，leaky threshold），而非直接是 / 否类型的阈值。在这种情况下，随着总和开始增加，输出值本身会从初始的 0 增长一点，并随着总和的增加缓慢增长，直至达到最终值（1）。虽然这种工作方式实际上并不像真正的神经元，但它展现出了一些优美又有用的数学特性。本质上输出值更平缓地从 0 变到了 1，而不是在总和恰好达到阈值时瞬间触发。

感知器与学习

刚刚描述的特定形式的神经元模型被称为**感知器**（perceptron）。它有能力将各条信息分到特定类别（称为"分类"）中，这给我们提供了另一种角度来看待（并在实践中使用）这类模型。从这个意义上说，给定任何一组输入值，神经元的输出只会是 1 或者 –1，以向我们表明输入被归入两类中的哪一类，如果输出为 1 则属于第 1 类，如果输出为 –1 则属于第 2 类。

当感知器被设置好之后，就能用来测试输入以评估它们属于第 1 类还是第 2 类。例如，考虑一个（非常）简单的测试，看看申请人是否应该获得贷款。如果他们之前从未还清过贷款，则输入 x 为 0，如果有则为 1；如果他们的存款低于某个最低标准，则输入 y 为 0，存款高于标准则为 1。我们假设如果有一个申请人满足了条件，x 和 y 都为 1，那么此人将会获得贷款，否则就不会。

一种解法是让两个权重 W_1 和 W_2 都等于 2，让偏置项 b 等于 3。[95] 为了获得贷款，x 和 y 都需要是 1，和才能达到 4——一个大于 3 的数——从而获得 1 作为输出，代表第 1 类。在这种情况下，如果 x 与 / 或 y 是 0，则对应项会变成 0（0×2）。这被称为与（AND）函数，因为需要 x 与 y 都为 1，输出才能是 1。事实上，让权重保持不变，仍然都等于 2，只是将阈值 b 降低到 1，就实现了或（OR）函数，虽然权重还和之前一样，但功能已经变成了只要 x 或 y 或两者均为 1，输出就是 1。

这个问题只有两个输入一个输出，并不算特别难——给出这个例子仅仅为了说明感知器是如何作为分类器工作的。就算只有一个感知器，也很可能接收非常多的输入，但如果只有一个这样的神经元就只能在两种类别中做出决策，没法更复杂，不管有多少路输入都是如此。这被称为**线性可分问题**（linearly separable problem）。如果我们希望解决多种不同类别的分类（classifications）问题，即线性不可分问题，那么就需要用到多个感知器——只用一个感知器是不可能做到的。

即使在这个简单的例子里也存在一个问题，即我们如何选择权重以及偏置值才能实现想要的分类效果。为此我们需要一条可以让感知器学习的规则——一种训练神经元权重使之能给出所需表现的技术。想法是从任意选择的权重开始，如果我们的学习技术够好，就能通过小的调整最终找到一组权重，可以提供想要的答案。

我们以训练感知器实现与函数为例。假定两路输入只能为 0 或者 1，并且偏置 b 为 3。对于任何一组特定输入我们都知道想要的输出是什么——作为与函数，当有 x 为 1 与 y 为 1 时，我们希望输出为 1；对于任何其他组合（例如当有 x 为 1 与 y 为 0 时），输出将为 0。但假定一开始我们不知道权重值 W_1 和 W_2 应该是多少才能实现这个函数。我们需要找出它们的值。

[96]　　　我们先试一些初始权重——只是粗略的猜测。比如 W_1 是 1，W_2 是 1，那么对于输入对（$x=1$, $y=1$）实际的和是 2，显然小于偏置值 3，所以输出会是 0，而我们希望的值是 1——这组权重不是好

的选择。所以这里有问题——我们的猜测不太对。如果我们从想要的输出（1）中减去实际的输出（0），得到的误差值是1。将误差值乘以输入，并将结果加到所选权重值上，得到新的权重值，再次进行测试，因此现在两个权重都是2。我们再试一次就会发现此时答案是正确的——对这组输入而言，这次选择的权重实现了我们想要的函数。

这一过程通常需要不断重复，一次一次地尝试所有可能的不同输入，直到最终我们发现对于所有可能的输入，误差都已经降到了一个非常小的值（希望为零），对所选的输入／输出而言，此时的权重是合适的。在更新权重时，用一个值来表示学习速率是很有用的——更新量可以比我们在例子里用到的更大，也可以小得多，通常情况下选择的是后者。因此，权重值会以慢得多的速度变化，最终得到令人满意的解。

对前面这种简单的例子而言，我们选择怎样的学习速率因子影响都不大，只要是介于0到1之间即可。一个小的数字（例如0.1）意味着神经元会学得比较慢，而一个大的数字（例如0.5）意味着它会变得比较快（可能会太快）。然而，在这个简单的与函数例子里，不管我们选的初始权重是多少，大概对所有可能输入进行六到七轮调整后，权重值都应该会稳定下来。再次进行前述的权重更新过程也不会使权重值发生变化。事实上，这通常是判断学习已经完成的最佳方式，因为权重值在一轮调整后不再改变（或者至少是变化量非常小）。

自组织神经网络

[97]　　大脑的不同部分执行不同的功能。各种 ANN 体系都希望能至少在一定程度上复制大脑活动的某些特定方面。例如人脑有一块被称为大脑皮层 (cerebral cortex) 的区域，它有一部分用来处理感官输入。在大脑皮层，感官输入被映射到不同分区，它们会组织自身以理解接收到的各种信号。

　　这种想法已被用于开发由单层神经元组成的自组织 (self-organizing)（胜者通吃）ANN。它们通常不像前面介绍的那样有严格的阈值，而是使用更复杂的函数，例如 Sigmoid 函数，但在一开始最好简单地认为它们会输出与输入信号总和有关的值——可能就是总和本身。

　　这些神经元被排列在方阵中，比如 100 个神经元就可能排成 10×10 的阵列。想法是特定的输入模式会激发阵列中神经元的特定区域。这样，在网络运行过程中，如果观察到了神经元的特定区域被激发，就可以推测是由怎样的输入模式引发的，也就是说一定是某段特定输入信息造成了输出。这种网络被称为特征映射 (feature map)，因为通过考察网络的不同分区，能推出每个区域(在被激发时)对应施加了哪种特定的输入模式，也就是特征。

　　在这类网络中，相同的输入信号——到目前为止我们一直考虑的是两路，x 和 y，但很可能会有更多——以完全相同的方式被施加到阵列中所有神经元上。然而这里的不同之处在于，每个神经元的输出也被反馈了回来，从而相应形成了对每个神经元进一步的输入——这被称为侧向连接（lateral connections）。

施加于神经元的每一个信号，无论是直接来自输入本身还是来自神经元输出的反馈，都有权重与之关联。初始可以随机设置这些权重。当特定输入模式出现时，（100 个）神经元中的一个会有比其他神经元更高的输出信号。这个神经元被选为胜者，调整它的权重使它在这种输入模式下能得到更高的输出。相应地，也对它临近神经元的权重进行调整（但调整幅度没那么大），使得它们的输出也能更高一点，以此类推，从获胜神经元向外辐射，直到对远处的神经元权重也进行了修改使得它们的输出减少。

因此，学习函数被认为是类似"墨西哥帽"（Mexican hat）的形状，获胜神经元在帽子的中心／顶点，远处的神经元在帽檐。帽子的形状定义了如果它靠近获胜神经元，要调整权重使输出增加多少，如果神经元离得比较远，那么输出要减少多少。用这种方式训练时，如果特定输入再次出现，就会被神经元映射"识别"，因为获胜神经元周围的特定区域远比其余部分更加兴奋。 [98]

当施加另一种输入模式时，在另一区域的一个不同的神经元被选为胜者。再次使用墨西哥帽学习函数来修改权重，从而使映射的另一块区域可以在下次识别这类新的输入。用更多不同的输入重复这个过程。每种情况下，新的输入都会激活映射的一片新区域。所以映射组织了自身，从而在训练结束权重固定后，整个网络可以监控一组输入，只要施加了特定输入模式，或者至少是近似的情况，神经元映射的特定区域就会被激发。

当不同的输入信号之间存在一些相似或连接时，它们可能会激发神经元映射的相邻区域。这意味着如果施加了一系列输入信号，结果可能是激发区域随着输入改变而在映射中到处移动。

虽然这类映射可以用于识别一系列不同的输入类型，但它在语音识别领域已经得到了非常成功的应用。随着语音信号被输入到网络——以不同频率的能量表示——音素可以被识别出来，并且还能通过映射的方法从频率成分中重构说出的单词。也许会让你感到惊讶的是，中文——由于其逻辑音素的结构——是在这种测试中最好用的语言之一。

N 元组网络

我们在此讨论的最后一种神经网络是 N 元组网络（N-tuple network），也被称为"无权重"（weightless）网络，因为它的工作方式截然不同，（正如你猜测的那样）没有用到权重。事实上，它的工作原理与已知的那些网络有很大区别，其学习方法也不同。然而，就许多方面而言，它能更容易地实际构建到电子 / 硬件设备上，操作模式可能也更好理解。

N 元组网络的基本构件（神经元）是标准计算机随机存取存储器（random access memory，RAM）芯片，如图 4.3 所示。此外，对

[99]

于该技术，所有输入与输出的信号都是二进制形式的，也就是说都是非0即1（否或是）的。这种限制并没有特别大的影响，因为当信号被数字化以后，按照计算机的要求，它已经是用0和1来表示的了。神经元的输入连接实际上是RAM芯片的地址线，而输出就是储存在那个地址的数据值（0或1）。

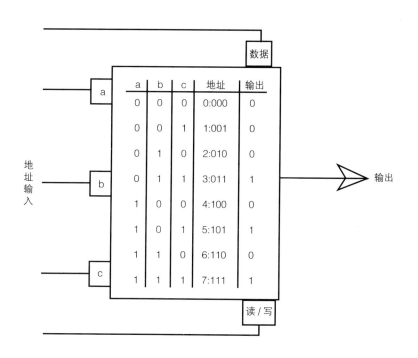

图 4.3　RAM 神经元

在RAM神经元处于学习模式时，用于训练的模式以1和0的形式输入到内存地址线上，适当的值被存储了下来——不是1就是0。被用于RAM神经元寻址的输入被称为元组（tuple）——如果有

8位（8个0和1），那么就是8元组。之后，在分析模式下，神经元被以相同的输入模式寻址，提取到的数据会是1或者0，即之前学到的值。这本质上是在用一种不同的方式使用RAM芯片——但功能强大。

这类神经元在学习识别图像时特别有用。如果图像被分割成像素，每个像素的值为1或0，那么可以一次读取4个像素（假定是个4元组网络）并送入RAM神经元。每个元组需要使用不同的RAM神经元。

为了了解它是如何工作的，在初始状态下，让我们在RAM神经元所有可能的地址里都存入0作为数据。然后假定我们有一个只由4个像素组成的图像，每个像素要么是黑色（0），要么是白色（1）。在本例中假定我们的4个像素值是1010，并按此在RAM神经元中进行寻址，在该地址存入一个1。

如果我们随后用图像1011来测试这个神经元，它将会输出0，表明它没有识别这幅图像。然而如果我们输入图像1010，那么神经元将会输出1，表明它确实认出了这就是它最初学到的图像。

当然，一幅典型的图像，即使只是黑白的，所包含的像素也比这个要多。所以需要一整套这样的神经元，使每个像素都能被至少送入一个神经元内，常见做法是过度采样并将每个（0/1）像素值送入4个甚至更多不同的神经元，通常会用一种伪随机的方式来生成并混合这些输入数据。对于特定的图像，最初的 N 比特被送入第一个神经元，第二个 N 比特被送入下一个神经元，以此类推，直到整幅图像的输入模式被处理完毕。

对于用这种方式送入神经元的特定图像，所有神经元的输出都为这种特定模式设置成 1。在这种情况下，由于涉及的神经元太多，随后在分析阶段出现的图像，因为存在光线差异或者噪声等微小的变化，可能在任何时刻都不会完全相同——有可能会出现我们认为是相同的图像，却只有 83% 的神经元输出了 1。事实上，这可能已经足够了。因为这个百分比值是如此之高，所以它很可能与初始习得的图像相同。如果只有 25% 的输出是 1，那我们也许就会很确定它不是最初的图像。

[101]

因此，对于一套神经元，我们只需将所有的输出加起来，再自行判断多大的值能使我们相信图像与原始版本足够接近。

在实践中，最好不要简单地让神经元学习一幅特定图像，而是学习一系列相似的图像。

例如，如果神经元学习识别的是人脸图像，也许那个人会稍微移动头部，或者张开和闭上嘴，在每种情况下都有不同的图像被送入这套神经元——每幅不同的图像都会导致一些额外的神经元将数据线设为 1。随后，即使此人的头部状态和初始时不完全一样——也许是因为风吹起了头发或者太阳照射的角度变化了——神经元输出的和也更有可能达到一个高比例的值。

有个问题是如果这套神经元学习了很多不同的图像，那么在分析模式下它会倾向于识别一切测试的东西——它的鉴别力受损了。因此，通常会对每幅不同的图像使用一套不同的 RAM 神经元，这些图像之间只有细微变化。由于这个原因，一套这样的神经元被称为"鉴别器"（discriminator）。如果之后想要清除整套鉴别器并教给它全新的输入模式，只需要直接将所有神经元中地址输入对应的输出设为0，再重新开始即可。

显然，RAM 神经元并不是人脑神经元的精确复制。然而，它们在输入（特别是图像）识别上的表现受到了人脑神经处理过程的启发——结果这种表现又引发了关于人类神经元本身实际性质的进一步问题——也许，在某些情况下，它们比我们最初以为的更像 RAM 神经元。

[102] ## 演化计算

在第 2 章中，我们从搜索解的角度考虑了问题求解，对各种搜索技术进行了探讨。近年来，人们从生物进化的研究中获得灵感，找到了另一种非常强大的策略来从一系列潜在解中寻找解——可能是最优解。甚至还能在需要时生成之前没有考虑过的新的解——也就是有了创造力。

在生物进化过程中，物种在某一时刻会存在形成了一个世代的个体种群。这些个体混合到一起（通常是通过交配），产生新的世代，时光流逝，物种存活了下来，并且（希望可以）繁荣发展。环境会发生变化，物种想要继续存活就必须适应那些变化。但整个过程是极其缓慢的，可能需要数百万年。

通过在计算机中复制（建模）生物进化中涉及的一些过程，可能可以实现一项技术，针对人工智能问题，该技术能从潜在解中改编（改进）出一个解，这可能是一个接近最优的解，或者至少是一个可行解。

演化计算（evolutionary computing）将一个世代里的不同解（通过遗传）混合到一起，产生新的改进后的世代。然后将新世代的解以多种方式进行混合，再产生下一代，以此类推，直到很多代——可能是数千代——之后，获得一个好得多的初始问题的解。幸运的是，计算机里世代更迭所花的时间要短得多——所以我们不需要用数百万年来等待解的出现。

遗传算法

演化计算最著名的方法是遗传算法（genetic algorithms，GA）。在这项技术中，种群里的每一个候选解成员都通过独一无二的基因（计算机染色体，computer chromosomes）进行定义。这可以用二进制形式，也就是 1 和 0 来记录。在生物学参照的启发下，将一个成员的染色体与其余成员的染色体通过交叉和突变等过程进行混合 / 交配，就可以从一个世代进化到下一个世代。

正如我们将看到的，二进制染色体（binary chromosome）编码

[103]

直接与每个候选解成员的特征相关。不同成员染色体之间的区别反映了它们实际属性上的区别。举个简单的例子，一个成员——比如A——用编码0101描述，而另一个成员——称为B——可能被描述成1100。交叉的过程需要从A编码中取出一部分与B编码中的一部分混合，生成下一代的新成员。例如，A的第一部分（前两位）与B的第二部分（后两位）混合，将得到0100——一种新编码。通常编码会更长一些，但过程完全相同，只是涉及的位数更多。

突变一般用得少一些，需要（可能是随机地）取出一位数字并加以改变。所以A的0101可能通过改变第三位在下一代变成了0111。我们例子里的编码只有四位，这样的改变可能会带来剧烈的影响，但如果是在24位的编码里仅突变一位，效果就不会这么明显了。

这里需要记住的是，种群里的初始成员也很有可能是相当合理的解，所以我们很可能不希望在世代传递时对它们做太大的改变，只是想进行一些小的调整来稍微改善。自然界中的突变是偶尔发生的，GA最好也是这样——事实上，过多的突变可能会严重破坏GA，使其永远找不到好的解。

在运行GA时，首要任务是构建代表问题的定长染色体，使其能对整个种群中的每个个体进行唯一的描述。同时，还需要选择种群规模并决定是否能使其任意扩张（可能不允许）。如果种群规模是固定的，就意味着在世代更迭时需要消灭前代的部分实体——即不让它们继续存在。最可能选择消灭的是最弱的个体，为了实现一

[104]

定程度的多样性，还有可能选择消灭那些与同伴非常相似但又不那么好的个体以及克隆体——一个充斥着相同个体的种群是不可取的。

同时需要决定的还有进行多少交叉以及多少突变。两者的概率通常根据对具体问题的经验来决定——任何一个发生得太频繁，都可能导致种群无法稳定下来从而不能收敛到一个比较好的解；任何一个出现得不够多，种群成员又可能只会局限在不好的解。

也许最重要的问题是如何对个体进行评估——什么是好的，什么是坏的。为此，需要构建一个定义个体适应度的整体函数（**适应度函数**，fitness function）。这取决于应用 GA 的问题是什么，由此可以组合不同的因素来实现这个函数——例如速度、成本、功率或者长度，任何对问题重要的因素都可以考虑进来。

我们需要一个初始种群来启动算法。可以随机产生，或者直接粗略地猜一些解。通过适应度函数可以得出初代种群中每个成员的适应度。然后就可以选择一对染色体进行交配——那些适应度分数更高的更可能进行交配。每次都根据概率来决定是否进行交叉和突变操作，由此产生一个或多个后代。之后很可能会在其他染色体对上再重复这一过程。

结果会得到一个由原始染色体和新后代组成的新种群。然后用适应度函数对每条染色体进行测试，并消灭部分染色体（简单从进程中剔除即可）使种群规模降低到要求的大小。这些染色体将不再参与接下来的过程。适应度函数可能会包含与年龄相关的因子，这样在每一个世代，染色体都可能仅仅因为老化而变得不那么具有适应性。不过这还是取决于应用领域，有时候也许会认为染色体的年龄并不重要。

[105] 　　整个过程不断重复，一代接着一代——也许会有几千代——直到算出来的最优染色体适应度函数值停止变化或者变化很小。此时可以认为已经找到了解。

　　有时候或许好几代最优染色体的适应度函数值都几乎没有变化——当然，值还有可能变得更差——之后就又开始继续改进。这完全取决于问题的复杂度。因此，或许更好的做法是在更迭了特定数量的世代后停止算法，或者也可以在最优适应度达到特定值时停止——此时我们认为结果已经"足够好"了。

遗传算法：简单例子

　　在这个简单的例子里我们希望用 GA 找到最优的机器人来执行包裹运输任务。组成机器人的马达有两种选择，底盘有两种选择，电源有两种选择，夹钳也有两种选择。我们将每种组件的第一种选择用 0 表示，第二种用 1 表示。开始时，我们的初始种群包括三个可能的机器人 1010，0111 和 1000。每条染色体实际代表了一个不同的实体机器人，由四个不同的可能组件组成。

　　每个机器人根据组装的组件不同，会在速度（S）、机动性（M）

以及负载（L）上有不同的表现。因此我们的适应度函数 F 可以由这些特性的某些方面组成——比如让 $F=xS+yM+zL$，其中 x，y，z 是我们用来表示每个特性重要程度的系数。在第一代中我们为这三个机器人分别计算 F 值——为此得有一个数学模型来关联 S，L，M 与机器人的每种设计。假定结果表明 1010 和 0111 有更优的 F 值。随后我们让它们交叉获得 1011，又对 0111 的第三位进行突变得到后代 0101。

测试发现 1011 以及初始种群中的 1000 的适应度函数值（F）最低——于是我们的种群第二代在开始时将由来自初代的 1010 和 0111，以及后代 0101 组成。

现在我们用模型（假设我们有）对每个机器人的 F 进行测试，发现目前 0111 和 0101 是最优的。交叉又产生了 0101，而对 0111 的第四位数字进行突变得到了 0110。因此，我们的新种群将包括 0111，0101 和 0110 这三个机器人。 [106]

然后继续这个过程。也许我们最终会发现 0110 是满足适应度函数的最优解，已经无法得出更好的机器人设计。在这种情况下我们已经找到了用来搭建实体机器人所需的组件，可以开工了。

首先要对机器人进行的测试之一是检查其实际的速度、机动性以及负载表现。这样就能验证（假定我们已经拥有的）将这些特性与实际机器人组件联系起来的数学模型。如果模型能准确反映实际性能，那我们可以相当肯定 GA 已经找到了机器人设计的最优解。然而如果发现模型存在错误，那么可能其他适应度函数会表现得更好，GA 为错误的问题找到了正确的答案。那么此时需要做的是拿出一个更准确的模型，从而得到更切合实际的适应度函数。

这个例子体现了用 GA 进行问题求解时的一些重要固有特性。首先，染色体必须能准确表示个体——在这个机器人的例子里，马达、夹钳等都必须被准确地表示出来。其次，适应度函数必须能准确地关联群体中个体的表现。

在此类问题的实际版本中，每条染色体可能由 20 位或更多数字组成（不像此例中只有四位），种群可能会包含数百条不同的染色体（不像此例中只有三条），同时适应度函数可能通过更为复杂的数学描述来关联每个个体的构成及其表现，比本例中用到的三项之和要复杂得多。

遗传算法：一些评论

[107]

在自然选择中，表现不佳的个体无法生存；随着年龄的增长，它们会死去。虽然这最初被称为"适者生存"，但也许更准确的描述是"不适者不生存"。那些足够适应的个体会生存下来并进行交配，以这种方式将它们的基因传递给下一代。在许多方面，GA 也是基于同样的原则。例如，染色体的尺寸（长度）不会随着世代更迭而改变。

与自然界的一个不同之处是 GA 种群的规模通常是固定的。这更像是在野生动物保护区管理一群动物——最强壮的动物活了下来，而最弱的与 / 或最老的被猎杀。在 GA 中保持种群规模的主要原因是为了简化算法管理——如果让规模扩张，就意味着每一世代都需要计算所有个体的适应度函数，这会占用计算机的时间，随着世代推移，所需要的计算时间将显著增长。

然而，在 GA 中人为干预限制种群规模，虽然能节省时间，但确实会带来问题。种群中的个体很可能会变得太过相似，导致缺乏多样性。如果我们希望找到最优解，那么在一定程度上让群体中有一些不同的个体使解能产生变化可能是件好事。

在有些例子里，GA 可以自适应地工作以应对不断变化的环境，例如机器人需要处理不同的环境条件。此时群体的多样性非常重要，这样在必要时就可以相对较快地使个体发生相当大的变化。

虽然希望 GA 找到的是整体（全局）最优解，但可能会有多个潜在解，其中的一些比另一些更好。当适应度函数非常复杂时就会出现这种情况。GA 可能会收敛到局部极大值而不是全局解上。也许一个不同的起点（即不同的初始条件）能使人找到全局解，但如果我们不知道最终 / 全局解，我们也没法知道那些条件是什么。

在生物进化的过程中，局部极大值在有些情况下就已经是好的解了。正如为了填补不同的空缺而发育出了不同的物种，在身体上和心理上进化出了特定特性来应对特殊的情况。在一些 GA 的应用中或许也能用到这一点，GA 会为特定的问题提供简洁的解决方案。总而言之，我们考虑的究竟是一个填补空缺的解——这是好事，[108]

或仅仅是局部极大值——也许不是什么好事，这完全取决于具体的应用。

智能体方法

如果我们看看本章到目前为止讨论的人工智能一般方法，会发现它们都是通过一批相对简单但相互作用的实体表现出了整体的复杂智能行为，而这些实体本身是半自治的——智能体。可能像我们前面在 ANN 中看到过的那样，这些智能体是以神经元的形式，只是连接在一起，依靠数量来实现智能行为。或者也可能是像 GA 那样，智能体作为基因种群，借助外部评估者——适应度函数，在进化过程中改进。

不管是哪种情况，我们都能看到，每个智能体对其他智能体做的事情知之甚少或一无所知。它们相对独立，只在为了实现交互目标时受其他智能体影响。最终结果可能通过单个智能体实现（在 GA 的例子里），也可能是通过一批或者一群智能体实现（在 ANN 的例子里）。

有一种人工智能方法特别关注智能体的概念以及它们各自的身份标示以产生整体的涌现行为（emergent behaviour）。每个元素都被当成是社会的一分子，通常可以理解所处环境的有限的几个方面，然后又会影响自身或是与其余智能体的合作。在这种方式下，一个智能体与其余智能体协作完成特定任务。这种方法与经典人工智能最关键的差异是，整体智能分布存在于智能体之间，而不是存放在一个集中的存储库里。

用于问题求解的智能体

我们在第 2 章看到了经典人工智能系统如何进行问题求解。另一种解决方案是使用基于智能体的方法。在这种方式下，一个复杂的问题可以分解成许多较小的问题，每一个都更容易解决。然后可以应用智能体找到这些更小问题的解——拼到一起就得到了最终解。这样做的一个好处是每个智能体只要掌握自己要解决的较小问题的信息即可——而不需要对问题有任何大体了解。 [109]

我们人类经常用这种方法处理比较困难的任务，每个人只处理自己负责的特定部分的问题，通常不需对复杂的整体局势有较多的理解。所以将同样的技术应用到人工智能系统似乎是非常合理的。当然，实现的方式有很多。因此，关于智能体是什么以及它能做什么，你会接触到好几种不同的定义。

有些智能体有固定的行为，另一些则具有灵活性与适应性。有些是自主的，而有些则完全依赖其他智能体的决策。大部分都能对所处的环境做出反应，虽然这里的环境可能指的是外部世界，也可能指的是周围其他智能体的行动——例如，想想你大脑中的一个神

经元——它只受到其他神经元的影响，并不会直接受到外部世界的
影响。

有可能在某些特殊的设计里，所有智能体的权力与能力一模一
样；也可能某些智能体能替其余智能体做决策——这被称为**包容架
构**（subsumption architecture），因为优先级较低的智能体的行动或决
策会被优先级较高的智能体的行动或决策覆盖。我们会以移动机器
人应用为例进一步说明这个问题。

软件智能体

智能体可以是物理硬件实体的形式，也可以是作为整体程序的
一部分的一段计算机里的代码。在任何一种情况下它都能展现出我
们已经讨论过的部分或全部特性。稍后我们会看到硬件智能体，现
在我们还是先考虑软件版本。

软件智能体（software agents）的形式多种多样——有时候被称
为软件机器人（softbots）。例如现在就有这样的智能体被用于监控金
融市场，核实股票与股价的实时波动。很可能有智能体会负责购买
和销售商品，此时它需要知道（人类）交易商是否有最新指令，说
明哪些交易是他们特别感兴趣的，而哪些又是需要避免的——这种
情况下智能体可能需要"理解"某些自然语言的指令。

智能体是此类事务的理想选择，因为它们可以仅仅坐在那里监

[110]

控活动，只在显而易见的合适时机执行操作，人就很难做到这一点。而且一旦需要，智能体几乎能瞬时做出决策。在人类做出相同决策所需的时间内（几秒钟或者甚至几分钟），很可能就已经失去了交易机会。

因此，世界各地的大部分日常金融交易实际上并不是由人类执行的，而是通过软件智能体来完成。交易市场所在城市（如伦敦、纽约）的金融机构办公楼层已经被计算机占领。之前参与执行交易的经纪人现在改为监控人工智能体，向它们提供信息，偶尔也给出一些指令——然后就让它们继续干活。同时其他人参与到了新人工智能体的设计中——赚钱的不再是做了最好交易的公司，而是实现了最好人工智能体的公司。

这种智能体能同时处理多种因素：保存一段时间内股价的历史记录，调查趋势，把这些与其他股票进行关联，把它们与金融汇率以及其他从最近的新闻中翻译出来的外部信息联系起来。各种因素被综合到一起可能还要用到一些之前讨论过的数据挖掘技术，或是将其集成到智能体中，或是让智能体在需要时可以访问。

智能体的基本操作是从一个或者多个输入中获取信息，处理信息，将其与历史数据关联，并做出决策，决策可以是在物理层面采取行动，或者是成为进一步的软件输出，甚至可以通过另一个智能体来执行。这可以简单通过一个包含规则库或者查找表的智能体实现。如果忽略历史数据，这样的智能体被称为**反射型智能体**（reflex agent）。

[111]　　　智能体可能会包含与规划有关的元素，以便实现内部目标或者是将自己导向外部目标——这样的智能体被称为**基于目标的智能体**（goal-based agent）。同时，如果规划元素本身能对来自环境的外部影响做出回应并进行适当调整，这也许归功于智能体自身的表现，那么这就是**学习型智能体**（learning agent）。最后，智能体也可以基于从现实世界获得的模型，尝试对其表现进行模仿，这被称为**基于模型的智能体**（model-based agent）。

多智能体

　　　到目前为止，我们更关注的是单个智能体以某种方式作为整体的一部分发挥作用。在有些情况下很可能需要单个智能体来处理任务（很多工业监控系统都属于此类），只需对所关注的事物进行测量，如压力或者流量，如果发现所测值偏离了预先设定的范围，就发出报警声或者触动开关打开或关闭阀门。

　　　如果单个智能体能处理好这一问题，那就让它做——没必要把事情弄得更复杂。然而，很多时候确实需要多个智能体；事实上，这很有必要，因为通常这就是人工智能体系统的应用场景。

　　　涉及**多智能体**（multiagents）时，它们可能需要以一种合作的形式运行，这样每个智能体可以提供问题的一部分答案，把来自多个智能体的联合输出集合到一起就能提供整体解。或者智能体也有可能以竞争的方式单个或者分组运行，由唯一一个或者一个小组的活跃智能体来提供最终整体解。

为了处理多智能体系统，我们需要有一种选择的方式。这可以通过简单计算来实现，例如给每个智能体分配一个优先级等级（priority grading，可以称为自我意识，ego），如果智能体是分组运行的，就把等级加起来。等级"最佳"的就是胜出的活跃智能体。也可以由评判者或是超智能体（superagent）进行选择，通过比较计算来决定使用哪个胜出的智能体。因此，超智能体本身不影响外部世界，它的作用就是在智能体中做出选择。

[112]

硬件智能体

过去，计算机系统是由用户提供信息的。现在在很多情况下还是这样，然而，也有很多计算机系统（作为智能体）通过感知环境自己获取信息，并据此采取行动，没有任何形式的人类干预，人们期待它们这样做，也信任它们能做好。这种行动的结果很可能会驱动某些实体，直接影响现实世界。例如维和部队的导弹系统会接收关于敌方来袭导弹及其射程弹道的信息。随后人工智能系统会决定何时部署导弹——人类只有否决权，没有直接控制权。

计算机系统需要对外部世界状态有准确的、最新的了解。如果它感知到了不准确的信息，那么随后做出的任何决策都是不准确的。

这些数据在收集时可能需要进行处理以降低出错率，因此也许要对数据进行平均或过滤以消除噪声。以这种方式工作的计算机／智能体系统的一个好例子是移动机器人。移动机器人感知到的是关于其所处位置，以及附近是否有任何物体的信息。它可能需要规划一项行动方案并随后尝试执行，同时还要考虑到环境变化或是新感知到的信息——可能会有物体突然出现在它前方。

这种机器人也可以自己尝试可能的动作，并在做对时获得"奖励"，做错时受到"惩罚"，从而学习可靠的程序或行为。我们将在下一章深入探讨更多细节。

包容架构

为了描述什么是包容架构方法，我们最好继续把移动机器人作为示例智能体，因为它具有多个层级的操作。在某个层级，机器人可能需要形成所处环境的地图——实践中这可能是通过激光测距机制或者超声波传感器来实现。为了完成这项任务它需要在环境中到处活动。

[113]

机器人可能还要执行的另一项任务是走到地图上的某个点，再将一个物体从那个点运送到另一个点。当然，我们可能还希望避开障碍物（在商业环境中）或是摧毁它们（在军事环境中）。不过它有可能会根据感知到的物体以及物体正在执行的不同功能而变换不同的角色。因此，可能需要让机器人在遇到特定物体时，停止从一处到另一处的搬运，改变方向走到别的地方去。

机器人的每项任务都有所需的能力水平——躲避障碍的优先级很高但需要的能力比较低。循路线前进需要较高的能力但优先级不高。可以类似地定义机器人的其他功能，例如地图构建（map building）、相对无目的地移动、感知环境变化等。

总之，机器人每时每刻都在收集数据，但同时也需要制订此时的行动方案——它要做什么？为此控制器具有多个层级的行动，每一层级都有自己的能力水平，同时每一层级也有自己的优先级。重要的是，任一时刻都只有一种选定的行动。

最常见的情况是，有很多可能的行动都处于激活状态——也许机器人正在从一个地方往另一个地方搬运物体（高能力），此时它遇到了障碍物需要绕道前进（低能力）。

包容架构的基本原则是：首先，需要更高能力的行动包含（或者抑制）需要更低能力的行动（lower competence action）；其次，"默认行为"总是能力最低的行为。这样不同层级的可能行动就被包含到了必须立刻实施的必要行动中。

结语

在本章中，我们已经看到了一些现代人工智能方法。在这个过

[114] 程中我们更多地采用了自下而上的思路，先着眼于智能的基本构件，再研究它们如何连接到一起，就像我们大脑里的神经元一样，作为一个整体共同实现智能。这与使用外部、自上而下方法的经典人工智能形成了对比。

在本章中，我们讨论了人工神经网络、演化计算以及智能体结构，每一种都有自己独特的运行模式。机器人可以作为绝佳的例子，用来说明人工智能系统在何处应用以及如何运行。因此，为了继续对人工智能进行深入研究，我们要更详细地观察机器人，看一看它们怎样感知世界并在其中运行，我们会重点关注它们如何以人工智能的形式表现出智能。

关键术语

人工神经网络（artificial neural network），适应度函数（fitness function），基于目标的智能体（goal-based agent），学习型智能体（learning agent），线性可分问题（linearly separable problem），基于模型的智能体（model-based agent），多智能体（multiagents），感知器（perceptron），反射型智能体（reflex agent），包容架构（subsumption architecture）。

延伸阅读

1. *Bio-inspired Artificial Intelligence: Theories, Methods and Technologies*，作者 D. Floreano 和 C. Mattiussi，出版商 MIT Press，2008 年出版。这本书写得很好，有许多来自生物、工程以及计算机的信息量很大的例子，极好地介绍了仿生学领域。

2. *Neural Networks for Pattern Recognition*，作者 C. M. Bishop，出版商 Clarendon Press，1996 年出版。这是一本畅销书，它提供了对所有类型的神经网络的全面讲解，也包含模式识别的主题。

3. *Neural Networks and Learning Machines*，作者 S. Haykin，出版商 Pearson Education，2008 年出版。这是一本关于神经网络的最好的书，全面、可读性强，主要聚焦工程方法。

4. *Introduction to Evolutionary Computing*，作者 A. E. Eiben 和 J. E. Smith，出版商 Springer，2010 年出版。这本书以生物进化理论为基础，提供了对演化计算的完整概述，例如自然选择和基因遗传。适合那些希望将演化计算应用到特定问题或是给定应用领域的读者。它包含了当前最新技术的快速参考信息。 [115]

5. *Soft Computing: Integrating Evolutionary, Neural and Fuzzy Systems*，作者 A. Tettamanzi, M. Tomassini 和 J. JanBen，出版商 Springer，2010 年出版。这本书更适合工程学或者应用科学专业的学生，包含了许多应用实例。

机器人

内容提要

人工智能领域有些最激动人心的进展是通过机器人技术的发 [116]
展来呈现的。事实上，可以说智能机器人只是人工智能实体的具身
化——赋予人工智能一具身体。本章将要讨论的主题包括人工生命、
集群智能以及生物启发技术。当然，我们也会看到一种令人兴奋的
新的人工智能形式——在实体机器人体内培育生物大脑的人工智能。
这甚至意味着有可能将人脑细胞培养成人工智能！

什么是生命？

当我们在第 1 章中试图通过定义来界定什么是智能时，提出的

是:"各种信息处理过程,它们共同作用,使得生物有了自主追求生存的能力。"乍一看这个定义似乎有些平淡——一种类似但更直接的替代说法可能是:"各种心理过程共同作用,组成了生命必需的那些东西。"我们在此讨论的还是一个通用、普适的概念,而不是只限定于(或偏向于)人类。不过,在后一种定义中,我们已经把智能与(心智的)心理过程联系在了一起,更重要的是,我们还认为智能在生命(life)以及生命实体(living entities)中发挥了核心作用,不只是生存,还包括成功和收获等属性。

[117]   然而,我们马上就会面临一些后续问题,比如"心智"意味着什么,以及,更重要的,"生命"意味着什么。在第 3 章中我们曾经试图解决一些哲学争论,包括心智是什么,以及计算机心智如何同人类心智进行比较。然而,一种相对简单的做法是仅仅把心智看成大脑,一种物理实体,实现了智能生物展现出的心理加工过程。在这个意义下讨论"心智"是什么就变得更像是一场客厅里的娱乐游戏——真正的问题是生命究竟是怎么一回事。

我们可以像在第 1 章讨论智能时那样,看看字典里对生命的解释是什么。然而,也许我们能找到的最好定义实际上来自维基百科,可以简单总结为:生命是一种特征,将具有自我维持过程的实体与其余实体区分开来。

从生物学的角度看,实体的这些自我维持过程包括调节其内部环境、自身组织、新陈代谢(例如能量)、生长、适应性、对刺激的反应、生育(不是"繁殖"——前面介绍过,人类除了克隆之外,无法进行复制式繁殖）以及其他事情，例如排泄和营养摄入，这些可能是前几个类别的子集。

因此，一个实体即使不能展现出这里提到的全部特性，也必须得有大部分，才会被认为是活着的——为了深入讨论，我们将定义一种具体的生命形式，例如有机体或者人类，之前我们采用了通用方法来研究智能，现在我们也试着找到通用方法来研究生命。就像分析智能时所做的那样，在考虑生命时，应该将我们在地球上看到的各种不同实体都考虑进来。上面提到的所有过程都不是活着的必要条件——例如，不是所有人类都会生育后代，但这并不意味着他们不是活着的。

人工生命

我们已经，至少在一定程度上，考虑过生命是什么，现在可以来看看**人工生命**（artificial life，也被写成 A-life）这个令人兴奋的话题。 [118]
对于不同的人而言，根据选用的方法不同，这可能意味着很多不同的事情。然而，这些方法的共同之处在于，我们将了解到生命的某些方面是人工生命研究的基础（或者说是灵感来源）。

本质上，生命过程中发生的事情可以被建模并作为人工智能技术的基础或灵感来源。另外，人工智能系统可以用来展现生命本身的某些或全部方面——可以是硬件的形式（例如实体机器人），也可以是计算机里的模拟世界。在后一种情况下，这可能意味着试图表现真实世界，或者也可能仅仅是软件中的玩具／虚拟世界。

人工生命思路 1（只用来启发）：在上一章中我们研究了神经网络、演化计算、遗传算法和软件智能体。这些人工智能计算方法受到了自然界的启发，要么参考了大脑的工作方式（例如神经网络），要么参考了生命的进化过程（例如演化计算）。不管这是否只是计算机模拟的一类人工智能的形式，但在一些人看来，这类技术已经属于人工生命的范畴。

人工生命思路 2（仍然只用来启发）：可以选取生命的其他不同方面，与在前面的章节里讨论过的那些更标准的人工智能形式（例如规划）结合使用，以提升表现，或者就是简单地换个思路。例如可以使用社会文化变革模型来影响原本是标准形式的机器学习。与 GA 一样，试图通过可观察的进化过程来产生结果行为。这可以通过简单的方式来实现，只需要一些关于问题的候选解，能对每个解进行价值评估，并能逐步（以一种进化的形式）改进所选择的最优解。

模拟人工生命

到目前为止，我所描述的都只是从生命中汲取灵感，来影响经典人工智能或现代人工智能的工作方式。然而，在第一次遇到"人工生命"这个术语时，大多数人脑海中冒出来的概念可能根本不是

[119]

这样的，而是想实际组合 / 搭建出某种人工生命形式。或者通过模拟的方法，或者通过现实世界中的实体机器人来实现。

模拟人工生命（simulated A-life）可能相当复杂（也许对生命的某些方面进行了建模），包含个体在模拟世界中生存要用到的行为模型（behavioural models），或者也可能有着特别简单的构造。令人惊奇的是，即便只有简单的规则和简单的行为，也会产生极其复杂的整体种群。

元胞自动机

也许**元胞自动机**（cellular automata，也称为有限状态机，finite state machines）是模拟人工生命的最好例子。简单来说，将国际象棋 / 跳棋棋盘当成一个模拟世界，但在这里每个格子都可以是黑色或白色的，同时它们的状态会随着时间而改变。然后将每个格子 (称为一个元胞) 看成是世界里的一个个体成员，世界就是棋盘本身。

考虑棋盘中央的一个方格，它有八个相邻方格，东(E)、南(S)、西 (W)、北 (N) 四个，还有西北 (NW)、东北 (NE)、西南 (SW)、东南 (SE) 四个。在特定时刻 (t)，那个方格 (在我们的模拟世界里) 不是黑的就是白的，也可以说是处于 1 或者 0 的状态。

如果我们在接下来的 $t+1$ 时刻查看同一个方格，那么它在新时刻的状态由它自己在 t 时刻的状态以及它相邻方格在 t 时刻的状态共同决定。接下来 $t+2$ 时刻的状态会由 $t+1$ 时刻的状态决定，以此类推。

虽然这个操作描述听起来非常简单，但在进行了一系列这样的时间步（time steps）之后，可能会出现极其复杂的模式，这取决于我们如何选择特定时刻的方格，它的前一个状态及其相邻方格的前一个状态之间的关系。本质上，简单的行为产生了复杂性，即使种群规模（本例中指方格总数）相对较小时也是如此。

[120] 这种相对简单的设置让我们可以研究社会的影响，因为个体的状态不光由自己决定，也会受到周围个体的影响。我们将很快看到，单个元胞与其周围元胞之间的关系类型可以有多种形式，在特定情况下这可能导致元胞"死亡"。在这里，"死亡"意味着一个元胞不再随着时间改变状态，也不再对周围的其余元胞产生影响——这种情况发生的速度（如果发生的话）取决于它们的关系。

从这项研究中可以看出，随着时间推移，全体种群的演变，包括出现的模式，可能是没有"意图"的（即种群可能没有明显的、预先选定的目标）。相反，我们以为的"意图"产生于元胞间的简单相互作用（即明显出现了规律的模式）。

由此得出的结论又可以用于人类社会。例如，这种演变很可能不会导致"更好"的存在（更好的模式），只是一个不同的结果。也许更重要的是，（对元胞而言）似乎只有生存才是关键因素——只要你存活了下来，那么就仍然可以发挥作用并改变事物——这本身就可以被认为是成功。

生命游戏

　　研究元胞自动机时有必要想一想，这种演变行为是如何在一个简单例子中体现的。首先，让我们再来看看棋盘中间的元胞（方格），以及它的八个近邻。我们需要定义元胞根据什么关系来从 t 时刻的状态转换到 $t+1$ 时刻的状态。本例中，我们只使用三条规则：

　　（1）如果一个元胞在 t 时刻处于状态 1，并且恰好有两个（不多不少）相邻元胞也在 t 时刻处于状态 1，那么 $t+1$ 时刻它将仍然保持在状态 1。

　　（2）不管 t 时刻元胞的状态是什么，如果它的八个相邻元胞中恰好有三个（不多不少）在 t 时刻处于状态 1，那么 $t+1$ 时刻它将处于状态 1。

　　（3）对于 t 时刻的任何其余情况，$t+1$ 时刻元胞都将处于状态 0。

　　考虑一下本例中规则的含义。如果有两个或者三个相邻元胞为 1，则根据元胞本身的状态有可能产生 1，而如果超过三个或者少于两个相邻元胞为 1，则元胞本身将变成 0。元胞周围需要有适当的活跃度——太多或者太少它都会变成 0。即使这组规则是如此简单，只要所有元胞都遵循，种群作为一个整体，也会产生看上去丰富而复杂的模式。 [121]

　　要了解这几条规则在一个时间步后会发生什么，我们可以简单绘制一个小的网格（例如 5×5），在网格中随机分布一些 1 和 0，并在几个时间步内重复应用规则。从中应该能明显看到，根据你选择的初始设置，网格很可能会马上变成全是 0 或者全是 1，或者是很快地变到一个稳定且不再变化的模式。在进一步的研究中人们发现，在有着多种初始排列的更大种群中，很容易随着时间的推移形成更加复杂的模式，可能会伴有波纹、重复的循环以及形状的变化。

卷起来

可以通过卷起来的策略来对前面讨论的元胞二维世界场景进行扩展，这在计算上是很简单的。在简单的二维棋盘例子中，处于边缘的元胞只有五个邻居。要么为这些元胞提供略微不同的规则，要么它们的状态很可能会对整个种群产生偏移影响。

最好是让最右边的元胞将对应最左边的元胞当成自己的邻居，反之亦然，顶部和底部的元胞也是如此。同时，在二维棋盘角落位置上的元胞名义上只有三个邻居。通过左右卷起以及上下卷起，会为角落位元胞各增加两个邻居。因此，还需要沿对角线再卷一次，从而使对角角落位元胞也成为一个邻居。这样一来，角落位元胞就将所有其余三个角落的元胞都当成了自己的邻居。

[122] 有意思的是，在卷起来之后，波纹以及所谓的"滑块"（gliders，形状不停演变的明显目标）会穿过其所在的场景，在一边消失后，又会在相对的另一边重新出现。这时，滑块可能会以一种稳定且时间固定的方式不断环绕世界。

现实生命的改变

　　人工智能会从现实世界的结构与运作过程中获得灵感，人工生命也一样。而同样显而易见的是，人工生命研究中得到的结果也能帮助我们换个角度来思考现实生命以及我们对进化的理解。人工生命的这种"自下而上"的特性尤其使人受益匪浅，简单的个体元胞只是通过相互作用，就能实现复杂的整体社会与进化行为。

　　在元胞自动机中，对个体元胞规则的一点微小改变，特别是在如何受到邻居影响方面，往往会导致完全不同的种群发展，由此我们会想，现实世界中，如果我们所有人的行为都稍有不同，那么人类种族可能会实现非常不同的产出，同时也会以不同的方式进化。

　　受到人工生命的启发，在研究其他学科领域时，我们也会尝试用简化的观点来看待那些一开始看似复杂的行为（complex behaviour）。不管是哪个领域（例如生物、物理、化学），在该领域中研究观察到复杂行为时，我们可以先试着通过简单（元胞）交互行为来实现类似的行为。如果可行，或者至少接近，那么我们就可以试着通过改变元胞的行为使复杂行为更接近想要的结果。

现实生命的启发

　　到目前为止，我们讨论的元胞自动机里，所有元胞都使用同一套（相对简单的）规则，表现出来的行为也完全相同。假如我们研究一群蚂蚁，我们可能会得出结论，所有蚂蚁(或者至少是一群蚂蚁)的行为方式相同。由此可以将蚂蚁与我们的生命游戏进行类比，就像我们看到简单的元胞自动机产生了复杂的社会影响，一群蚂蚁也会产生复杂的种群输出。在这两个例子里，种群都可能由于成员的个体行为，而展现出整体目标或者说是驱动力。

[123]

但如果去考虑也许我们更能理解一些（至少我们自认为能理解）的种群，例如人类，我们会马上看到，很可能需要以一种或者多种方式，来为每个个体，甚至是各个群体改变我们特定的规则集，比如：

（1）不同的元胞可以根据不同的规则集来操作。

（2）一组元胞可以按照相似或共同的规则来操作。这些元胞可能是在地理位置上相邻，也可能是以结构化或者非结构化的方式分布在种群中。

（3）元胞使用的规则可以随着时间的推移而变化。这样就可以将学习结合进来。

（4）规则集可以是目标导向的，即使只是基于单个个体的基础。不同的元胞可以有不同的目标。

（5）不是所有的元胞都需要在每个时间步中更新。

（6）与第5点相关，有些元胞可以在每一个时间步都进行更新，或者是每三个时间步更新一次，且这个更新频率可能会随着时间变化。

（7）每个元胞根据邻居状态来更新自身的方式可能非常不同，形成了要么简单得多，要么复杂得多的规则集。例如一个元胞可能会受到其接壤的邻居的影响，也可能会受到地理位置相隔较远的元胞影响，还可能只受到部分邻居的影响——也许只有西北、东北、西南、东南的邻居，而将东、南、西、北的那些排除在外。

如果将上述一条或者多条特性加入元胞自动机的研究中，马上就会使整体种群进化（population evolution）变得更为复杂。不过，由于所有的元胞严格来讲并不完全相同，这确实可能导致一些不一样的行为。各种不同行为很容易出现在一个整体世界中，有时会在时间上和空间上相互碰撞和影响。

总和元胞自动机

我们已经在上一节中看到，以基本元胞自动机为基础，能够产生各种可能的变化。一种特殊的情况是，每个元胞的状态不再是 1 或者 0，而是用一个数（通常是整数）来表示。就像前面讨论过的那样，在 $t+1$ 时刻，每个元胞的状态将取决于 t 时刻元胞本身的状态及其邻居的状态之间的某种关系。例如，一个元胞在 $t+1$ 时刻的新状态可能只是简单地把 t 时刻元胞本身的状态及其邻居的状态加起来再除以 9——用到的元胞总数。 [124]

显然总和元胞自动机（totalistic cellular automata）很快就会变得非常复杂。不光是元胞的更新规则会复杂得多——涉及相当复杂的数学函数——同时还可能会引入前一节中讨论的一些变化。也许令人惊讶的是，对这个领域的研究至今还只处于有限的程度，我们尚未发现太多容易出现的模式和数值现象，有些可能就是通过非常简单的规则扩展实现的。

可逆元胞自动机

另一种值得深入研究的特例是可逆元胞自动机（reversible cellular automata）。指的是元胞自动机世界在特定 $t+1$ 时刻所有可能的配置，都有且仅有一种直接前序 t 时刻配置与之对应。这些可逆元胞自动机在研究诸如流体或者气体动力学等物理现象时能派上用场，有个重要的前提是它们都遵守热力学定律。

这类元胞自动机需要特殊规则集来确保可逆性。因此能实现这一目标的规则类型也是一项研究重点。即使是非常简单的 1/0 型元胞自动机，也很难证明只有唯一的前序状态能导致当前状态。有一些技术能降低证明的难度，比如可以将整个世界划分成特定的分组，但是这样做可能会改变适用的通用定义。

对于不可逆的元胞自动机而言，可能存在一些没有前序状态的模式。这种模式被称为**伊甸园模式**（Garden of Eden patterns），因为它们无法通过任何前序模式的世界演变得到。伊甸园模式只有通过用户输入成启动排列才能出现。

[125]

进化中的软件人工生命

正如我们在前面看到的那样，即使从简单的初始状态开始，通过遵循简单的规则，也能产生相当大的复杂性改变。在这个过程中唯一需要的是一个由某类实体种群组成的世界，这些实体不光受到自身影响，还会受到周围实体的社会影响。在元胞自动机里，这些实体只是棋盘上的方格，任何时刻都可以处于一个特定的状态。然而这些实体也可以更加复杂，并与生物或者现实世界有着某种联系。如果我们真的想要在现实生活中创造实体，将会困难得多。不过，在计算机中进行模拟还是非常可行的。

实体不仅能被模拟，还能在虚拟世界中生存。这个世界可以有自己的一套规则，一些规则与世界中每个实体的状态有关，因此也与它们的进化有关，一些规则与实体之间如何相互作用有关——不像在元胞自动机里那么显而易见。实体可以是基于生物的存在，并用计算机来表现它们生活的现实世界，或者也可以纯属虚构，生活在想象的世界中。

我们迄今为止讨论的各种不同的人工智能技术，都能被应用于虚拟世界里的实体，因此每个实体都可以用神经网络或者模糊专家系统来做出决策。这个决策过程本身又可以通过 GA 引导进化——只要决策过程能被编码成算法需要的格式。这里还有个额外的好处是实体可以进行（基因上的）混合来产生下一代实体。例如，虚拟世界可以由图 5.1 所示的独眼鱼（cyclops fish）组成。在这里，鱼可

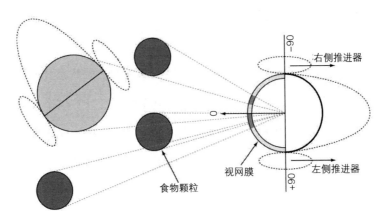

图 5.1　独眼鱼模拟

以通过左右两侧的火箭推进器四处移动。它有一只眼睛，有着基于 ANN 的视网膜。为了生存，鱼需要学会识别食物颗粒，并且要能协调好自己的推进器，才能移向颗粒并吃掉它。

[126]　这个学习过程可以通过直接的人工智能手段来实现，也可以通过遗传的方式进行——让成功的独眼鱼与其他成功的独眼鱼"交配"以产生下一代后代。这里用计算机模拟的最大优势是只需非常短的时间就可以完成对新一代的计算——事实上，如果种群规模比较小，只需要几秒钟就可以调查完数千代。很快就能对初始种群稍做修改，再试验一条全新的进化路线。

模拟进化（simulated evolution）的最大优点就是非常快。我们马上会看到，在开发包括机器人等现实世界实体在内的、已经发展得很成熟的硬件时，这项技术也能发挥重大作用。

在图 5.2 中我们可以看到一个例子，反映了即使采用相对简单的

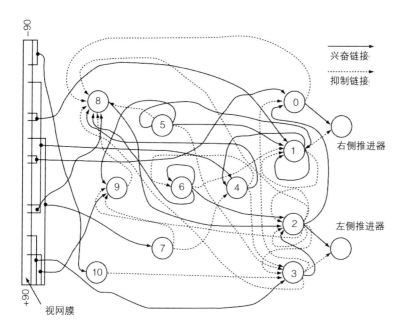

兴奋链接

抑制链接

右侧推进器

左侧推进器

-90

+90

视网膜

图 5.2 独眼鱼进化出的神经网络

神经网络也会面临的局面。图中独眼鱼的 ANN 大脑在进化了 200 多
代后形成了一个非常复杂的决策机制——将视网膜的感官输入连接
到了运动推进器上。因此它学会了在"看见"食物时需要做什么来
将自己移向食物颗粒并最终捕获它们。

虽然它只有 10 个神经元，但这个网络极其复杂，想要弄清楚特
定情况下鱼的确切行为绝非易事。网络是基于基因进化的，成功的   [127]
特性被加强，失败往往会导致产生它们的连接被减弱。

虽然每条鱼的感官输入与运动输出在软件中都是相同的，但由
于它们是在不同时刻通过捕食不同食物颗粒获得了不同的成功，在

200 代之后，以这种方式发展的每条鱼都有稍微不同的网络结构，因此鱼的行为是有差异的——就它们的生命形式而言，有些鱼可能会比其他鱼好一些。任何时刻环境中的一点变化——例如食物颗粒大小的变化——很可能意味着某些鱼不能像之前那样适应，它们也许会死去，而另一些鱼也许会更加适应变化的环境。

捕食者 - 猎物的共同进化

[128] 比起用软件模拟单一物种的人工生命进化，更有趣的想法是考虑一个虚拟世界，其中一个物种充当捕食者（predator），而另一个物种是其猎物（prey）。捕食者如果想要成功，就必须在不消耗过多精力的前提下捕到足够多的猎物。猎物如果想要成功，就必须躲开捕食者，并且同样不能消耗过多精力。然而，如果捕食者太过成功，也会引发问题，因为很快就会没有猎物可供其捕食。

典型的第一代捕食者和猎物都会表现出相对随机的行为。捕食者会尝试靠近猎物，而猎物会尝试与捕食者保持足够远的距离。仅仅几代之后，捕食者就能有效地追赶猎物，而猎物也能有效地躲避捕食者。照这样继续发展，如果经过几代的积累，捕食者有了相当大的进步，则策略不那么有效的猎物就会迅速灭绝，留下那些策略更成功的猎物对后代产生更大的影响。

本质上，这里发生了共同进化（co-evolution），捕食者和猎物的进化都依赖于外部环境，在这种情况下，外部环境包括对方物种。任何一个物种的剧烈变化都可能完全破坏系统的巧妙平衡。

虽然这里描述的仅仅是两个物种，但这只是用来作为一个简单的例子。很容易构建出复杂得多的虚拟世界，物种之间可以合作，还可以有物种既是一种捕食者的猎物，反过来又是另一种猎物的捕食者。

虚拟世界

我们在网上随时可以获取大量的虚拟世界软件，这值得去搜索一番，看看都有哪些版本。例如，你可以找到一个"基因池"（Gene Pool）项目，里面的游泳者在颜色、长度、动作等方面进行了世代进化。你还可以找到一些虚拟生物，里面用了软件基因来描述每种生物的神经网络及其整个身体。人们进化出了各种技术生物来完成不同的简单任务，例如游泳、行走、跳跃和跟随。

另一个例子是泥人（Golem）项目，先在现实世界中做出身体与大脑这两个技术实体的模型，再对模型进行精确的物理表现，据此给出设计，在此基础上进行进化。最终得到的设计再通过快速原型机制造出来——只需要加个真正的马达。由此，人造物可以通过计算机模拟动作的执行过程，例如穿越到桌子对面并进行进化。模拟中进化出的解决方案再制造成一个实际的物件，可以在现实世界中

[129]

执行动作。

这个例子体现出了通过模拟进行进化的一个明显优势。如果造出硬件机器人（hardware robots）或者机器通过与现实世界的交互来进化，可能需要一段相当长的时间才能看到进展。只要模拟能合理地表现出现实世界，同时在模拟中能准确地对机器人进行表现，那么就可以通过模拟进行数千代的进化——可能只需要现实世界里的几秒钟——再将最终解决方案通过现实世界的方法构建出来。

人工生命形式的硬件机器人

我们已经看到，人工生命的模拟可以是非常强大的工具，尤其是在对每个新世代的计算上具有速度的优势。然而，虽然它为人工智能算法提供了一个非常灵活的测试平台，但也只是一个计算机中的虚拟世界，没有有形的输出，除非将时间停下来，根据软件中的实体在现实世界中类比制造。在模拟过程中，实体（某种意义上）在计算机里是"活着的"，但很难论证它们真是活着的！按照人工生命的真正意义来讲，我们需要有存在于现实世界的物理实体。

人工智能及其与感官输入和运动输出的关系，特别是涉及如何给机器人提供思维能力，将在下一章中进行研究。然而，在这里，我们简要地看一看基于机器人来实现硬件人工生命实体时遇到的一些主要问题。

七个小矮人机器人

为了对人工生命进行各种基础研究，我们已经制造了一些简单的机器人，如图5.3所示，称为七个小矮人机器人（seven dwarf robots，主要因为最初制造的时候就是七个）。它们的传感器相对较少，在机体后面有两个独立的驱动轮用来到处移动，在机体前面有一个（非驱动的）小万向轮用来保证稳定性。 [130]

驱动轮可以向前或者向后移动，所以机器人可以快速移动及转向。通常前向传感器是超声波，可以从图5.3中看到，这意味着机器人可以在左前方、正前方、右前方有物体时收到提醒。它的操作模式相对简单，这给我们提供了一个绝佳的平台来研究人工生命的一些原理。

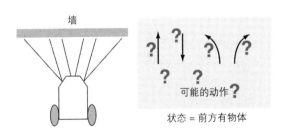

图 5.3　七个小矮人机器人

在任一特定时间，机器人的传感器会向机器人提供相对其他物体位置的具体信息。例如，读数可能是：右前方近处有物体，正前方中等距离有物体，左前方没有物体。这是机器人在某一时刻的状态。在这个例子里，这可能说明机器人的右前方有些东西。如果机器人继续向前移动并向右转，就可能会撞上物体。因此，机器人可以根据其所处的状态——正如刚才描述的特定时刻传感器读数——对目前的情况进行分类。

在每种状态下，机器都根据一个概率来让自己的驱动轮执行特定的动作。例如，左轮快速前进，右轮慢速后退，这可能会导致机器人向右旋转。在初始化时，所有这类可能的动作被执行的概率大致相等。

[131]　**强化学习**

在执行了具体动作之后（机器人当然会处于某种状态），机器人会对产生的状态情况进行检查，并归类为"好"或者"坏"。对那些带来"好"状态的动作进行正强化，即增加将来机器人处于相同情况时采取相同行动的概率。对那些带来"坏"状态的动作进行负强化，即降低将来机器人处于相同情况时采取相同行动的概率。

随着时间的推移，机器人到处移动并与环境进行交互，评估在不同情况（不同状态）下采取的不同动作。如果（只是举例）要求机器人移动到一个目标位置并且不要撞到任何东西，机器人能很快通过正强化学到向开阔处前进是"好"的。在反复强化后，产生这一动作的合适驱动轮行为会发展出很高的执行概率。

就机器人的状态而言，这意味着机器人学到的动作是，当三个传感器都显示没有明显物体时，两个驱动轮快速向前移动。因此，在这种状态下，其他备选的动作就变得非常不可能发生。通过负强化，机器人还会学到在墙附近向前移动是"坏"的。在反复强化后，这个动作在这种状态下发生的概率就会变得很低，意味着有更大概率采取其余可能的动作。

每次机器人都被关掉再重新打开，抹去它的记忆。因此，根据环境不同，机器人会在每次运行结束时展现出不同的行为。这通常取决于它在特定状态下早期所做的尝试是什么，以及这个尝试带来的结果是好还是坏。例如，如果机器人第一次移动到角落时，尝试的动作是右转并且获得了成功，那么机器人在下一次就更有可能尝试相同的动作——于是，这个动作就会变得越来越可能发生。因此机器人可以通过一系列成功的结果来学会特定的行为。

强化学习：问题 [132]

在实践中有时很难评估机器人的行动什么时候算成功，什么时候不算成功。在前面描述的例子里这不是特别难的问题——例如，当机器人的传感器显示有物体存在时，这就是个直接的衡量标准。如果在动作结束后，物体变得更近了（根据传感器读数），那么采用的动作就是坏的。然而，在更复杂的环境里，为了让机器人正常工作，可能需要对其行为评估进行很多"微调"。当机器人的总体目标与其当前动作行为没有（明显）直接联系时，尤其如此。

在某些情况下，要在决策事件发生一段时间之后才能知道动作是好的还是坏的，也就是说奖励或者惩罚可能会被延迟。例如，考虑需要在如图 5.4 所示迷宫中寻找出路的机器人老鼠（robot mouse）。

[133] 这种机器人比我们刚才提到的七个小矮人机器人稍微复杂一些，它需要有记忆和规划的能力才能找到通向最终目标的路线。这种情况下，在机器人老鼠找到迷宫终点（目标）的"奶酪"之前，它不会得到任何奖励。在这种情况下，因为奖励是延迟的，所以不是总能有办法进行简单的强化。

在我们的例子里，每个方格代表了机器人老鼠随时可以处于的一个位置或者状态。机器人可以从方格自由选择向东、南、西、北任一方向移动。对于任意一个起点，图 5.4 中的箭头指出了通向最终／目标状态方格 1 的最优／最快路径。机器人到达目标就能获得奖励。

机器人需要经过许多中间步骤才能到达最终目标获得奖励。在这个例子里，如果机器人从方格 8 出发，它的最优路线是依次经过方格 9、7、6、3、2，最终到达目标方格 1。问题是：如何奖励在之前的状态中采取的正确行动？

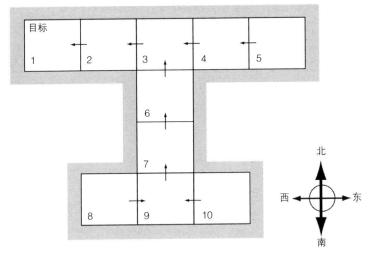

图 5.4　简单机器人迷宫

时序差分算法

在图 5.4 这类迷宫例子里，多个动作与状态最终引导机器人到达了目标，那么目标驱动的整体奖励应该如何在它们之间进行分配呢？解决这类问题的一个常见做法是使用**时序差分算法**（temporal difference algorithm）。

我们假定如果机器人最终抵达终点，它会因为到达了方格 1 获得 +100 的奖励。然而如果方格 1 是完美的终点解，那么处于状态 2 也许并不算太坏，因为机器人只要简单地向西移动，就能很容易变到状态 1。因此，我们可以根据状态 2 自身的奖励（如果有的话）和到达状态 1 时预期奖励的某些部分，为到达状态 2 分配一个奖励值。

我们现在已经为到达状态 2 更新了奖励版本，接下来，我们可以推断从状态 3 往西走可能也不是太坏，以此类推。时序差分学习使得这种奖励可以随着探索的推进，向一连串的状态慢慢渗透。如果考虑的是非常简单的迷宫，一切都相对明确。然而，像这样的问题里有可能存在并行甚至多条路径，一条路径可能会比另一条路径更优、更快。这可以通过在迷宫各处不同地点分配的奖励来体现。

[134] 总的关键要素是机器人老鼠要找到通向目标的路径，即使是一条绕远的路径。一旦它找到了一个解，那么就可能在下次出发时尝试不同的走法来改进这个解。从图 5.4 中就能找到例子，机器人可能会先从状态 9 出发向东走，到达状态 10，然后从状态 10 向西走，回到状态 9，再从状态 9 向北走，到达状态 7。

虽然这一系列的走法不可能构成最优解，但却可以让机器人随后到达目标。按照时序差分算法里说的那样将奖励渗透下来，因此也必须考虑随着时间推移改变特定奖励的值。在这里我们可能会希望阻止机器人沿着刚才描述的路径前进，因为那会令其不必要地进入状态 10。我们需要让从状态 9 直接移到状态 7 这个选择变得更有吸引力，而不是走到状态 8 或者状态 10。

然而，如果机器人已经（错误地）从状态 9 移到了状态 10，我们还是希望通过奖励来鼓励它尽快回到状态 9。这意味着惩罚原路返回之前状态的机器人可能不是个好主意——如果机器人感觉从 10 移回 9 不好，那么它可能就会待在 10 并且永远不再移动，所以我们需要鼓励它朝好的方向前进。

这种复杂算法可以包括一个随着时间而消耗的总能量值（energy value）——只要移动，机器人就能获得能量。这个策略确保机器人会继续前进。通常机器人会进行几次尝试来寻找目标——在随后的测试中它会接着选择获得奖励最多的路径。在这些情况下最好是让机器人通过不同的尝试来实验不同的可能，这样也许最终它会"撞上"一个更好的解。在实际解决这类问题时，搜索解花费的时间、对最优解的迫切性以及机器人实际消耗的能量都是要考虑的因素。

集体智能

正如我们在前面元胞自动机的讨论里看到的那样，相对简单的元胞元素相互作用可以产生整体的复杂行为。可以说，在人脑等神经网络里进行的就是这样一种过程。然而它确实指向了一种更普遍的智能类型，即**集体智能**（collective intelligence）。这是从许多个体的合作和竞争中产生的一类群体或共享智能（shared intelligence），这些个体本身不一定是简单的。 [135]

这类智能可以从动物身上观察到，尤其是人类，甚至包括细菌，重要的是，在计算机网络中也有体现。它源于一种观念：看似独立的个体可以紧密合作，甚至变得无法从形成的有机体整体中区分，例如在蚁群中，每只蚂蚁都充当了唯一"超级有机体"（superorganism）

里的一个元胞。威尔斯（H. G. Wells）将这种现象称为"世界大脑"
（World Brain）。经常可以在人类及其他生物身上观察到这种群体行
为——甚至会被解释成群体暗示。

集体智能的一项日常应用出现在目前通常被称为**新媒体**（new
media）的领域。数据库和互联网存储以及检索信息的能力使得人们
可以毫不费力地共享信息。因此知识很容易在元胞（人类）之间传递。
互联网使这种网络化的信息高速传递形式变成了可能。

从某种意义上讲，对人类群体以及联网计算机的集合汇总使得
知识可以被控制与使用，个体和集体都能从中受益。不过，总的
来说，联网技术增强了公众的知识并使其随时可用，这项能力是一
种强大的工具。事实上，由于它的公众基础，联入网络的知识库呈
现的是一种群体见解（参见维基百科，Wikipedia），而不像之前的
百科全书（例如可能偏向出版商）等工具那样展现出非常权威的
观点。

这种人工智能类型的一个绝佳例子是用集体智能来预测股票市
场价格及其变动。这已经不仅仅是人类操作员的一个可行选择，它
已经在很多情况下完全取代了人类。在某些情况下，汇总当前股票
市场信息时，同时还会呈现来自人类股票分析师以及人工智能预测的
观点。人类投资者可以提交他们的财务意见，最后的结果会综合人类
与机器的主张，在两者之间进行权衡，以广泛地反映出各方对股票市
场的专业判断，这最终可以用来更准确地预测金融市场的行为。

大量的财务收益证据显示，那些不局限于专业基金经理判断，

而是利用市场集体智能作为投资策略的基金已经成为非常受欢迎的投资选择。

群体智能

还有一种产生于集体或者协作行为的不同智能形式，连入网络的每个个体不再是极其简单的元素，而是至少已经具备了一些有限的智能。事实上，可能每个个体都有自己的目标以及维护程序，甚至包括自组织结构。这里的一个关键点是，它们都是一个集体的成员，（从名字也可以看出）集体的运作才是关键因素。

在人工智能系统中，群体智能（swarm intelligence）到目前为止的主要研究对象要么是现实世界里的元胞机器人系统这类硬件，要么是在整个程序中执行特定任务的软件智能体。这里提到的机器人体积通常相对较小，并且类型相同，但这主要是为了实现上的方便。

群体智能通常由一群相对简单的机器人或者智能体组成，它们会与附近的其余同伴相互作用，也会与它们所处的环境相互作用。事实上，根据它们之间网络连接的性质，每个智能体所在的环境也可以互不相同。智能体往往遵循简单的规则，虽然没有集中的控制结构来指示个体智能体应该如何表现，但这种智能体之间的相互作用会产生明显的智能全局行为，而且很可能个体智能体自身并不知道这些。鸟群就是这种现象在大自然中的例子。

当应用在机器人中时，这种原理通常被称为"群体机器人技术"（swarm robotics），而术语"群体智能"通常是指一套被应用的更通用的程序或者是做出的决策。同时还有"群体预测"（swarm prediction），专门在预测问题的特定场景中使用。很多不同的优化技术也受到了生物学的灵感启发（biological inspiration），根据在生物世界中观察到的方法来尝试寻找最优解。下面我们将概括介绍其中最受欢迎也是最成功的几项技术。

[137]

蚁群优化

我们从蚁群的功能中受到启发，得到了一种适合用来解决目标寻路问题的软件方法。人工"蚂蚁"以软件智能体的形式，通过在代表所有可能解的解空间中移动，来寻找子问题的最优解。在现实世界中，蚂蚁会在探索环境时留下信息素，这是一种化学痕迹，能引导同类找到自己发现的资源。

模拟"蚂蚁"会用类似的方式记录它们的位置及其解的质量，并将这一信息传递给其他"蚂蚁"。由此，在之后的迭代中，更多这样的"蚂蚁"可以找到更好的解。这种方法还有个略有不同的变种被称为蜜蜂算法，模仿的是蜜蜂觅食时的模式——不过，用到的大部分原理是相同的。

粒子群优化

粒子群优化（particle swarm optimisation，PSO）是一种全局搜索优化算法，用来解决那些可以用多维空间中的一个点来表示最优解的问题。先在空间中猜测一些不同的位置并播下被称为"初始速度"的粒子，同时也在粒子之间建立通信通道。随后粒子会在解空间中移动，并根据适应度标准对它们进行评估。

随着时间的推进，粒子会向那些在其通信群组中展现出更优适应度值的粒子加速前进。由于组成粒子群的成员数量众多，这种方法相比其余全局最优求解策略的主要优势在于极不可能陷入局部最优——找到全局解的可能性是最大的。

随机扩散搜索

[138]

随机扩散搜索（stochastic diffusion search，SDS）是一种基于智能体的全局搜索优化技术，最适合用于解决那些目标可以拆分成独立局部目标的问题。每个智能体维护自己猜测的解，随机选择用智能体当前猜测参数化的局部目标，通过对局部目标的评估来迭代测试这个猜测。在 SDS 的标准版本中，这种局部评估是二进制的，结果将会使每个智能体要么处于活动状态，要么处于非活动状态。

关于猜测的信息会通过一对一的智能体间通信策略扩散到智能

体群体中，这种做法有些类似串联运行的蚂蚁引导另一只同类从巢穴走向食物时采用的技术。正反馈机制确保了随着时间的推进，当智能体成群结队围绕在全局最优解周围时，群体会稳定下来。SDS对于需要求解的问题是既有效又健壮（robust）的。

智能水滴

智能水滴（intelligent water drops，IWD）是一种受到自然启发的，基于群体的优化方法，其灵感源于观察天然河流如何改变路径，以及如何在源头与出口之间找到接近最优的路线。最终得到的即使不完全是最优解，也至少是个合理的结果。在某一时间点，河流近似最优的路线，是由水滴之间以及水与河床之间发生的动作与反应共同决定的。

在 IWD 软件程序中，人工水滴通过合作来改变它们所处的环境，最终显露出水滴作为一个整体的最优路线。解是通过基于水滴群体的 IWD 算法逐步构建的。

混合系统

很多时候，人们开发人工智能系统是为了解决特定任务，即现实世界里的问题。设计者很可能会有自己熟悉并且喜欢使用的特定人工智能类型。然而，一项技术也许无法很好地解决问题。通常我们想要的是最优解，并不关心采用了什么方法。因此很多情况下的典型做法不是只局限于某种人工智能方法，而是结合几项技术提供一种混合解决方案以最好地解决手头的问题。

[139]

生物人工智能大脑

直到最近，人工智能的整个概念都是与它的各种应用关联在一起的，而这些应用都基于硅基机器——由技术元素组成的计算机系统。事实上，本书到目前为止也侧重于讨论这种特定类型的人工智能，因为历史上人工智能系统的哲学和结构都基于此基础。

在第 3 章中我们已经看到，大部分关于意识的哲学思想很大程度上植根于一群生物神经元涌现出的天性，这主要是想将其与任何明显产生于机器的东西区分开来。然而，最近生物大脑的引入使这个界限变得模糊，这是通过培育生物神经元来实现的一种人工智能形式。

虽然人们之前就已经可以在实验皿中培养（培育）生物神经元，但最近的关键进展使得在机器人身体中进行这类培养也成了可能。本质上，培育出来的大脑被赋予了机器人身体，由此它可以感知世界并在其中活动。必须承认这方面的研究仍然处于初级阶段，但已经在人工智能领域产生影响，并就其未来发展提出了大量问题。

这种方法与本书到目前为止讨论的其他方法截然不同，因此我们将首先看看涉及的基本技术，然后再来考虑随着这项技术发展将产生的一些影响，特别是对哲学以及人工智能系统应用的总体影响。

培育神经元

[140]　培育大脑首先要通过酶来收集和分离（生物）脑组织皮层中的神经元，然后再在恒温（通常是 37℃）条件下提供合适的环境以及营养使其在孵化器中发育。为了将培养物和它的机器人身体连接起来，这些神经元会生长在一个小培养皿中，培养皿的底部是一个扁平的微电极阵列（electrode array）。这为神经元培养物提供了一个电接口（electrical interface）。

一旦在阵列上铺开并获得了营养，这种培养物中的神经元就会自发地开始发育和分支。它们连接上附近的神经元，开始进行化学与电信号的通信。这种自发连接与通信的倾向体现出它们天生具有联网的趋势。神经元培养物本身在电极阵列上形成了一个层，有效地发育成了二维大脑。

电极阵列使我们可以通过各个电极监控来自大脑的输出电压，也可以施加适当的电压信号来刺激大脑。这样就可以同时实现运动输出和感官输入。监控到的信号可以用来驱动机器人身体的马达来使机器人到处活动，而来自机器人身体的传感信号可以用来施加不同的刺激和感觉脉冲。由此形成了反馈回路，将机器人身体与其新培育的大脑结合到了一起。

到目前为止，人们已经制订了多种不同的方案来研究这类系统的能力。这些方案的区别体现在使用信号刺激培养物的方式上（强度多大、频率多高等）以及对大脑反馈的诠释理解上（监控多少电极，是否进行过滤、平均，等等）。随着这些方法的改进，现在的研究重点放在了培养物及其机器人身体的输入—输出关系上。

当前的具身化研究

当前正在进行的研究通常包括剥离大鼠胚胎的神经皮层作为最初的神经元培养物。再将矿泉水和营养物质放入培养皿中喂养培养物，看起来就像是给它进行了一次沐浴。必须每两天进行一次这样的沐浴，因为这一方面为培养物提供了食物来源，另一方面也可以冲走排出的废物。

等培养物发育了一周之后，就可以观测到相对结构化并形成模式的电活动在紧密连接的神经元矩阵中出现。目前通常使用的是 8×8 或者 10×10 的电极阵列，大小差不多 50 毫米乘 50 毫米。每个电极的直径大约为 30 微米。

[141]

至此我们就通过这种电极阵列的方法成功实现了一套连接（实体）移动机器人平台和培育神经元网络的模块化闭环系统，使得培养物和机器人之间可以进行双向通信。据估计，目前每种培养物通常由大约 100 000 个紧密连接的神经元组成。可以对比拥有 1000 亿个神经元的典型人类大脑，或者是拥有几百个甚至更少神经元的蛞蝓或蜗牛的大脑。

生物人工智能大脑：挑战

除了普遍提高具有生物大脑的机器人的整体可靠性，研究者们还面临着多项挑战，其中很重要的一项是让机器人具备学习能力。

人们已经认可了习惯性学习（habitual learning），这是一种在重复做某事时发生的学习过程。人们经常会说某件事情已经可以下意识完成，或者说他们在执行任务时完全不需要思考。事实上，这类学习是由于大脑中的特定神经通路受到了反复刺激，导致通路增强，最后只要一组特定感觉信号就会引起特定反应——实际上，大脑有点像是被编程了。通过要求具有生物大脑的机器人以特定方式行动——比如，当有物体向它前进时就避开——可以从大脑中观察到这类习惯性学习现象，神经通路确实被强化了。

还可以将不同的化学物质应用到机器人大脑的不同部位，以增强神经发育或抑制神经生长。这样机器人可以（通过化学方式）改

进自己的表现——一种不同的学习类型。同时，更标准的强化学习
形式——奖励与惩罚机器人使其在某种程度上改善行为——现在遇
到了困难。面临的问题是：如何通过电信号或者电化学信号来奖励
这样的机器人？这些信号怎样才能对机器人有意义？

[142]

另一个挑战是使用从人类胚胎中提取的人类神经元，而不是
大鼠的神经元。这当然会引发一些技术问题，主要是在发育时间方
面——大鼠的神经元通常在21~28天内发育，而人类神经元则需要
18年左右的时间。一个月的时间跨度对实验室研究而言是非常合适
的，而18年以上的实验成本相当昂贵！不过这里要指出的是，人类
神经元也可以用在机器人体内形成生物大脑。

当前一些研究的目标是提供一个封装的小型虚拟孵化器，安放
在机器人的顶部。目的是使培养物可以借此存在于机器人头部。比
起让培养物在远程孵化器中发育，通过无线连接与它的机器人身体
相连，更可能的做法是让大脑实际处于自己的身体顶部，可以随着
身体周游。然而目前在实践操作中还存在大量问题，尤其是处理机
器人移动时产生的震动。

现在一个更直接的技术挑战是增加培养物的整体规模，即增加
所含神经元的总数。这个过程中首要的一步就是从前面描述的二维
方法升级成三维生长。目前研究的晶格方法（lattice methods）就是
为了达成这个目标。虽然这种做法也许可以增加大脑的整体能力，
但也提出了一个重要问题：我们如何理解在三维体的中心区域发生
的事情？

机器人的意识

在第 3 章中我们考察了人类的意识问题，以及在人工智能系统中实现意识的可能性。一些偏保守的哲学论点（特别是塞尔和彭罗斯的论点）本质上都在强调需要由人脑细胞集体运转才能实现意识。

塞尔声称意识源于人类神经元的集体运转，而彭罗斯则断言无论我们通过硅基技术多么接近地复制这些脑细胞，还是会漏掉一点东西，而这就是让机器人产生意识所欠缺的至关重要的那一点。基本上，他们的论点是，因为机器人的硅基大脑和人类大脑不会完全一模一样，由此可以推断出它无法拥有意识。

在本章中我们已经讨论了对可能来自人类神经元的生物大脑进行培育，并将其放置到机器人体内。研究中的晶格培养方法能让三维大脑得以存活和具身化，这意味着不久之后我们就可以使（典型）机器人大脑拥有 3000 万个神经元。事实上，再展望一下，实现包含超过 600 亿个神经元的三维大脑也不是毫无可能——这将超过人脑大小的一半。

所以当我们的机器人有了一个由 600 亿个密集排列、高度连接和发育的人类神经元组成的大脑之后，我们将如何看待它的意识？我们能赋予它真正的理解，从而赋予它真正的智能吗？如果可以，我们一定得考虑给机器人表决权，并让它过上自己的生活，不管这意味着什么——如果它做了不该做的事情，甚至可能将它关进监狱。

确实，基于迄今为止使用过的哲学观点，很难否认这种具备生物大脑的机器人是有意识的。也许有人会指出 600 亿仍然不是 1000 亿，但他们也就只能这么反驳了。照这样说的话，我们可能需要数一数每个人脑袋里的脑细胞数量，那些总数低于某个阈值（比如说 800 亿）的人就会发现自己被踢出了人类种族，因为他们已经不再是具有意识的存在！

这里的重点是，通过在机器人体内放置一个生物大脑（特别是人类神经元组成的那种），弥补了人类大脑运作机制与计算机 / 机器大脑运作机制之间的差异。它也（正如我们所见）削弱了许多认为人脑是最高级存在的哲学论点。或许这能重新引发我们关于机器人、人工智能以及人类之间区别的思考，这次可以考虑得更深入一些。或许这也会让我们就身为人类究竟意味着什么提出更贴切的问题。

结语 [144]

在本章中，我们从机器人学的角度了解了具体的人工智能。尤其是，通过考虑人工生命，我们看到了通过计算机模拟体现出来的生命，以及具有身体、可以在现实世界活动的实体生命。

一旦认为人工生命是作为个体而存在，不管是存在于计算机中的个体，还是作为大脑存在于个体中的计算机，个体在社会中扮演的角色就成为我们重点关注的问题。为了开展对各种关系的基础研究，我们可以对元胞自动机进行观察，这是一种相对简单的实体，会与附近其他类似实体相互作用。可以看出，即使只是与其余实体关系相对简单的基本实体，也能明显产生极其复杂的社会行为。这种结果让我们反思人类社会的本质，在人类社会中，个与人之间的关系要复杂得多，也更不标准化。这是一个可以进一步深入研究的领域。

交互产生的复杂性也适用于其他集体机器人行为，我们在这里简单提到了集体智能、群体智能以及混合智能——主要围绕它们的实际实现来介绍。

本章的后半部分是目前人工智能最新奇的领域——培育生物形式的人工智能。这里的描述仅仅使我们一瞥未来的可能性。随着支持技术的发展，将会培育出更大规模的培养物，拥有更多的感官输入以及更强大的运动输出。甚至只是以目前的状态，我们都不得不声称这类机器人是活着的——尤其是从脑生命的角度考虑。预计这一人工智能领域将在未来几年急剧发展。

关键术语

人工生命（artificial life），元胞自动机（cellular automata），集体智能（collective intelligence），伊甸园模式（Garden of Eden patterns），新媒体（new media），时序差分算法（temporal difference algorithm）。

延伸阅读

1. *Introduction to Robotics: Mechanics and Control*，作者 J. J. Craig，出版商 Addison-Wesley，2004 年出版。这是一本主要从科学与工程角度介绍机械手的书籍。

2. *Supervised Reinforcement Learning: Application to an Embodied Mobile Robot*，作者 K. Conn，出版商 VDM Verlag，2007 年出版。这本书描述的实验里包含一个真实的移动机器人。它考虑了来自生物学的灵感、导航和监督学习。

3. *Collective Intelligence in Action*，作者 S. Alag，出版商 Manning，2008 年出版。这是一本实现集体智能的操作指南，重点是底层算法和技术实现。

4. *Swarm Intelligence: From Natural to Artificial Systems*，作者 E. Bonabeau, M. Dorigo 和 G. Theraulaz，出版商 Oxford University Press，1999 年出版。这本书详细介绍了昆虫社会行为模型，以及如何将这一模型应用到机器人和复杂系统的设计中。

5. *Computing with Instinct*，Y. Cai 编，出版商 Springer-Verlag，2011 年出版。这是一本论文集，主题围绕机器人学中的人工智能以及未来人工智能，尤其包含了关于生物人工智能更具深度的内容。

感知世界

内容提要

在考虑智能时值得记住的是，人类大脑中的很大一部分专门用 [146]
于感官输入。在昆虫大脑中，这个比例甚至更高——通常超过工作
细胞总数的 90%。因此，感知世界对智能有着巨大影响。如果没有
输入，一个实体如何能够理解世界、做出反应、学习或者交流呢?
感官输入的性质决定了实体的性质。在本章中，我们将考虑如何处
理机器系统的感官输入。让我们来看一看计算机视觉和其他传感系
统（例如音频，超声波，红外线以及雷达）涉及的过程。

视觉

就人类大脑而言，到目前为止，最重要的感官输入是视觉 (vision)。

人类视觉输入的本质是通过靠近我们身体顶部的两只可以旋转和扫描的眼睛获得立体视力，这通常被认为是使人类在地球上获得成功的最重要因素。当然，还有与之相关的大脑发育。有些科学家甚至估计，人脑中有三分之二的神经元完全致力于处理视觉输入。

如果机器要在由人类发挥聪明才智建造、主要供人类使用的世界中运行，那么似乎有理由期待构成人工智能系统一部分的视觉系统在处理观察到的世界以及理解看到的事物时，能有和人类类似的表现。必须指出的是，人们虽然已经进行了很多研究来开发计算机视觉系统，但迄今为止人工智能的大部分设计工作都聚焦在核心问题求解、规划以及决策等方面，而不是传感信号处理。此外，我们在第 3 章中也已经看到，研究人工智能哲学时，人们更多集中在意识这类抽象内部问题上，而不是关于人工智能如何理解看到的东西这种可以说是更重要的主题。

[147]

产生这种现象的一部分原因是随着摄像机领域（电视以及电荷耦合器件；charge coupled devices，CCDs）的技术发展，人工智能视觉成为相对较新的研究领域。而且在计算机学科发展的早期，处理大量图像数据是很困难的。然而，随着摄像机变得更小、更便宜、更耐用，同时硬件存储器也变得更强大、更便宜，在 20 世纪 70 年代和 80 年代，针对这一领域开展了更有力的研究工作。

有趣的是，并没有清晰的方针来引导这些技术的应用；反而对于定义明确的计算机视觉问题，有大量专门的解决方法。这些方法通常针对特定任务，很少被广泛应用。在这一时期，很多方法和应用都还处于实验室研究阶段。然而，也有一些方法找到了商业化的出路，要么是为特定问题提供解决方案，要么作为更大型系统技术库的一部分，旨在解决医学成像或工业过程等复杂任务。通常，在实际的计算机视觉应用中，计算机被预先编程来处理特定任务，融入一些学习元素的方法也变得相当普遍。

在本章中我们将看到计算机视觉系统涉及的不同元素。首先我们会集中讨论光采集技术——用机器来实现人眼功能。其他有助于视觉理解的传感信号，例如雷达和测距传感器，将在本章后半部分具体讨论。

视觉图像处理有三个主要元素：一是图像的采集与转换，二是图像分析，三是图像理解。以下我们将依次介绍每个元素。

图像转换 [148]

人工智能中的图像采集与转换（transformation）包括将光图像转换成计算机可以使用的处理过的电信号。这项工作通常由某种类型的摄像机来执行。事实上，摄像机只是取代人眼，对光量子进行同样的处理，因此有必要先简单了解眼睛的工作机制，以便进行比较。

光能经由透明的眼角膜进入眼睛，在那里被引导着穿过瞳孔。虹膜通过增大或减小瞳孔大小来控制进入的光量。然后晶状体将能量聚焦到视网膜上。视网膜由视杆细胞（处理亮度）和视锥细胞（处理颜色）组成。在这里，由光量子表示的外部图像，就根据不同的能量水平被转换成电化学信号，再沿着视神经传输到大脑。摄像机的工作原理与此类似。

现在机器人使用的绝大多数摄像机是基于 CCDs 阵列的。其原因在于它们体积小、重量轻、耗电量少、灵敏度高。它们由被称为 MOSFET（金属氧化物半导体场效应晶体管）的小晶体管阵列组成。在这些阵列中，每个单元的工作方式相当于单个电荷储存电容器。光量子穿过透镜然后照射到阵列上，在阵列上产生了不同的正电荷，每个电荷与图像中该点的光强度直接成正比。

通过这样的方式，就可以根据穿过阵列的不同电荷，将特定时刻的整幅图像记录在阵列里。这些电荷随后通过正 / 负切换从一个单元转移（耦合）到下一个单元，从而使光图像最终作为电荷阵列转移到图像（帧）缓冲区中。帧阵列会暂时存储图像，直到它被计算机采集并存储。典型的普通 CCDs 阵列由 400×500 个单元组成。

图像像素

在特定时刻，帧阵列中包含了与图像中光能成正比的模拟信号元素。为了让计算机处理图像，每个模拟元素都需要被转换成数字值。一旦转成了数字形式，每个值就被称为一个像素。如果我们一开始只考虑黑白图像，那么通常的做法是用 8 位或者 16 位的模拟数字转换器对每个像素进行转换。

[149]

因此，对于 8 位转换器而言，一个纯白的像素会变成 0（实际是二进制的 00000000），而一个纯黑的像素会变成 256（实际是二进制的 11111111）。于是，这之间所有的数就可以用来表示不同程度的灰色——因此转换得到的值被称为**灰度**（grey level）值。值为 200 的像素是非常暗的，而值为 40 的像素会非常亮。

对于特定时刻的图像帧阵列，存储的值会被转换成一个矩阵，称为**图像矩阵**（picture matrix），本质上代表该时刻所看到的图像的灰度值矩阵。摄像机每秒通常可能会转换 50 个完整的帧，读者据此可以对转换速度有个概念，不过需要的话这个数字还可以再高。然而在一些应用中——例如一些电子游戏里——每秒 6 帧的帧率已经被证明是足够快的。

只需要将刚才描述的过程乘以 3 就可以得到彩色图像。事实上，通过滤光器，可以获得分离的红色、绿色、蓝色图像帧，并分别处理，需要的时候再混到一起。很多计算机视觉系统并不处理颜色（还有一些只是简单处理），因此并不总是需要这项功能。不过，如果对图像的理解确实依赖于对颜色值的分析，那么就可以通过基本的红色、绿色、蓝色成分来实现。

图像分析

获得代表摄像机正在观察的外部场景图像矩阵之后，下一阶段需要对图像进行分析。这里的目标只是对图像里涉及的内容给出一个基本概念。

[150]

图像分析（image analysis）就是尝试从目前获得的图像帧中提取有意义的信息，记住，现在我们已经有了可以由计算机操作的数字／二进制值像素。这项任务可能会很简单，比如读取条形码标签，或者也可能会很复杂，比如需要从人脸图像中识别个体。这里我们将介绍一些可能（也可能不）会适用于特定问题的非常通用的工具。

我们在图像处理的这个阶段要做的是获取特征信息，这些信息最终可以被识别为图像的一部分。我们的出发点仅仅是一系列数字。值得记住的是，我们正在处理的可能是每秒到达 50 组的 400×500 个数字（并且需要全部处理）。因此，在进行这类分析时，人们可能倾向于寻找相对简单的快速解决方案。如果是在离线的情况下，时间不是问题，那么显然也可以考虑更复杂的技术。

因为人类视觉皮层（visual cortex）非常擅长处理视觉，所以分析图像时会考虑采用它的工作机制。例如，我们在第 4 章中介绍过的神经网络，这时候它的各类版本可能就特别有用——N 元组网络能很容易达到每秒处理 50 帧所需的速度。

不过，我们可能会考虑对图像内容使用一种漫画式的画线方法，从最初数字化的灰度值中构建基本图像。为了构建这样的图像，我们首先需要在图像矩阵中提取线条与边缘的位置信息，也就是将矩阵的数字表示转换成更图形化的图画版本（more graphical，pictorial version）。

预处理

噪声（noise，任何不想要的信号）可以通过多种方式对图像产生影响，特别是因为光强度会随着时间的变化而变化。我们不想浪费了时间搜索图像中的线条和边缘，结果却发现它们根本不是线条，只是由于光线模式的改变而产生的失真——重要的是，它们会随着时间变化，因此可以在查找边缘之前，通过预处理矩阵值将其过滤掉。

在一帧中最简单的过滤形式是**局部平均**（local averaging），像素值会被该像素及其相邻像素的平均值替换掉。这大大减少了一帧内噪声的影响，但往往会将原本清晰的边缘变得模糊。考虑图像矩阵中包含9个灰度元素的一部分：

[151]

$$
\begin{matrix}
9 & 7 & 6 \\
9 & 8 & 5 \\
4 & 4 & 2
\end{matrix}
$$

在这个例子里，中心像素值8将被替换成所示所有9个值的平均值——也就是6。如果只考虑中心值，这部分矩阵将变成：

$$
\begin{matrix}
9 & 7 & 6 \\
9 & 6 & 5 \\
4 & 4 & 2
\end{matrix}
$$

然而，这个过程需要对整个图像矩阵中除边缘值以外的部分进行系统替换。这也许会非常耗时，在时间紧迫的情况下，很可能完全无法接受。

另一种预处理的方式是试图消除所谓的椒盐噪声 (salt-and-pepper noise)，这是指只在图像矩阵中持续一两帧后就消失的奇怪变化——也许是转换错误或者短暂的光线闪烁造成的。这里用到的技术被称为**整体平均** (ensemble averaging)。

在这种情况下，会查看多个时间步窗口里同一个像素的值，基本上会查看四五个版本。对同一个像素在这些不同版本中的值取平均，这样任何只是由椒盐噪声引起的像素值变化就会被平均掉。

[152]

同样，这可能会显著增加计算工作量，从而增加了处理图像所需的时间，特别是如果用这种方式查看了很多时间步，过滤了很多个像素。因此，不管是局部平均，还是整体平均，最好只在给定问题域看起来确实有需要时才考虑采用这些技术。

图像频谱

接下来要做的事情在很大程度上取决于机器人在找的可能是什么。机器人几乎肯定会将注意力集中到图像中可能出现的那些特定物体上。例如，如果机器人在找的是一个球，那么最好让图像分析重点寻找那些相对均匀分布在圆形轮廓中的圆形物体。

但即使会遇到的可能物体被局限到了相对较小的范围内，它们的轮廓也很可能会比较复杂。例如，自动驾驶的汽车可能需要识别人类、其他汽车、树木、路标等。每一个形状都非常明显，但根据汽车和物体的距离不同，大小可能会大不相同。

寻找边缘

作为通用方法，除非只需要搜索一个特定物体，否则在过滤掉明显的噪声之后，下一步就是查找图像矩阵中的边缘或线条。最后，可以将检测到的所有边缘拼接到一起，形成物体的大致轮廓（类似漫画），它可以与形状的范围以及可能的物体进行比对，从而决定物体是什么以及在什么位置。显然，其他信息——比如移动速度或颜色——也可以用来帮助缩小搜索范围。在这里我们简单介绍如何在必要时从图像中找到边缘。

理想边缘的特征是像素值在很短的距离内发生了明显的变化。如果对整幅图像进行扫描，那么我们查找的目标是从一个像素值到下一个像素值的大幅度变化——如果发生了这种情况，则该点可能在形成边缘的线上。但是对于任何给定的图像，根据物体的朝向不同，边缘可能会以任何角度出现。因此需要在所有方向上检查是否存在大幅度变化。

为此我们可以使用**像素差分**（pixel differentiation），它只检查在所有方向上从一个像素到下一个像素的巨大变化。像素差分有多个版本；此处我们用一个简单版本来举例——罗伯茨交叉算子（Roberts

[153]

Cross Operator)，其他方案可能会复杂得多。它是这样工作的：

A　B

C　D

A、B、C、D 是图像矩阵中彼此相邻的四个像素的值。首先我们计算 (A–D) 并将差值取平方，然后计算 (B–C) 并将差值取平方。把这两个结果加到一起并算出总和的平方根。最终答案如果比较大，则说明这个点可能是边缘的一部分；如果比较小，则说明这个点不太可能是边缘的一部分。

理论上，需要在每个时间步都扫描整幅图像，以便将所有像素都考虑在内。实际上，一旦有物体第一次被识别出来，那么每次扫描也许就只用考虑物体预期位置周围的那些像素，当然这还取决于物体可能的移动速度、移往方向以及机器人本身是否有可能相对物体移得更近或者更远（因此物体是否会变得更大或者更小）。

在特定时刻，对于一帧图像，我们现在有了一组差分值。接下来对这些值进行阈值处理，以决定它们是否为边缘候选点。这意味着每个差分器处理过的值都会与之前选定的阈值进行比较。如果高于阈值，则替换为 1，代表这是边缘候选点；如果低于阈值，则替换成 0，代表这不是边缘候选点。

阈值的选取很可能取决于环境光照以及物体定义决定的清晰度——方形尖锐的物体在强光下很可能具有清晰的边缘，而湿软的物体在模糊光线下很可能边缘就不太清楚。然而通常情况下，阈值越高，则边缘候选点越少；低阈值当然就会选出许多边缘候

[154]

选点。

这里看一个像素差分器的输出小示例：

3	41	126	18
38	162	57	23
147	29	17	5
31	10	6	2

我们可以看到，选用 100 作为阈值会产生二进制输出图像：

0	0	1	0
0	1	0	0
1	0	0	0
0	0	0	0

从中可以清晰看到一条 1 形成的对角线，描绘出一个物体的部分边缘，而将阈值选为 9 或者 200 的话，会分别产生二进制输出图像：

0	1	1	1		0	0	0	0
1	1	1	1		0	0	0	0
1	1	1	0		0	0	0	0
1	1	0	0		0	0	0	0

最多可以说，左边的图像（选用阈值 9）描绘的是非常厚的边缘，而右边的图像（选用阈值 200）里边缘已经完全消失。

查找线条

一旦获得了潜在边缘点的集合，就需要用某种方式将它们拼接到一起，以决定正在观察的是哪一类物体。整个过程到目前为止，图像捕获和处理的程序都相对简单。一旦获得了清晰的线条，就可以决定机器人前方是什么样的物体，以及物体的精确位置。因此，从许多方面来讲，准确找到线条是实现机器人视觉最难，但又是最重要的部分。

分析到这个阶段，机器人视角中预期出现的是什么可能成了主要的驱动因素。因此，这里展现的只是查找线条背后的通用思路，实际采用的方法依赖于所处情境以及预期的物体范围。一般来说，如果有物体进入视野，它最终要么会被认为是记忆中的某类物体（例如它是人、树或者汽车），要么被当作干扰项忽略掉。学习识别全新的物体是一项很有意思的任务，但它远远超出了我们这里介绍的简单工具所能解决的范围。

模板匹配

可以在内存中存储线条以及物体形状的模板（掩模，mask）库（例如用由 1 组成的圆形表示一个球），然后将模板传给图像帧来检查是否与那个由 1 组成的形状吻合。如果该帧中有很多 1 与模板中的 1

吻合，就得到了一个匹配——实际需要多少个1吻合才能认为是良好匹配呢？这个值的选择取决于模板的大小，及其包含的1的总数。

即使只对整幅图像中的一帧检查一个模板，这种方法也是非常耗时的，特别是在物体移动等情况下，很可能需要在每次新一帧到达时都进行一轮检查。如果有多个模板需要分别测试，所需的时间将飞速增加。同时，如果机器人要在许多可能的物体面前到处移动并实时做出决策，就很难使用这种方法——除非有足够的计算能力。

如果机器人相对视野里的物体是移动的，还会出现一个问题，[156]
即物体的大小和形状很可能在相对较短的时间内发生变化，这就需要通用的自适应模板。

不过，一旦一个物体最初已经被发现，之后也许就能随着时间推移，一帧一帧地只检查图像中大致预期物体所在的区域——事实上，这里还可以尽可能考虑大小以及形状的变化。这样一来，就可以随着时间跟踪视野里的多个物体，于是，情况实际上变成了要将先验背景知识应用到任务中，而不是简单地对每帧重新开始检查。因此，这项技术还可以基于对物体及其可能的运动模式的了解，将机器人的定向运动与物体可能的定向运动考虑进来。

也许有时候并不能匹配到物体的整个形状，只有特定的一段或者一片轮廓被考虑到了。这个过程被称为**模型匹配**（model matching）或者**模式匹配**（pattern matching）。它的工作原理是将多条边拟合到不同的模型里以建立物体的整体图像。当缺乏图像帧中有关物体大小或对齐方式的信息时，这种方法非常有用。

点跟踪

顾名思义，**点跟踪**（point tracking）是一种非常基础的方法；基本上关于物体的先验知识大部分都被忽略掉了。方法非常简单，对图像帧进行规律扫描，只要发现了 1，就检查所有相邻（但还没被扫描过的）像素。如果又发现了一个或几个 1，就和原来的 1 拼到一起，并检查新发现的 1 周围的局部区域。重复进行这个过程直到再也找不到 1——这时就移到图像的另一块区域继续搜索。

这种方法有很多优点。例如，不要求线条必须是特定的粗细，因为现实中总会有光照和阴影——图像中由 1 组成的一像素宽的完美直线确实罕见。线条也不必是特定的形状——直线或者圆形——这在我们不确定机器人会从什么角度接近看到的物体时也许特别有用。

[157]

在实际扫描时，由于线条的不完美，可能会出现零散的像素缺失。也许最开始发现的是两条或者三条分开的线——但这些线可以通过填补空隙连接到一起。不过，可能还需要进一步的分析来判断它们是否属于不同物体的轮廓。因此在进一步的信息出现前，可能需要保存多种可能的结果。

还有一种做法是在程序过程中，当遇到 1 时，不是只检查它直接相邻的像素，而是搜索两像素或甚至三像素宽的范围——尽管这显然会受到时间的限制。但仍然需要解决是填补空隙还是认为线条可能来自单独物体的问题。

在扫描图像时，可能会遇到一些零散的1，要么完全没有和其他的1连接在一起，要么只通过出乎意料的方式连接了少量局部的1。处理这类问题的最简单的方法就是将它们当作可以忽略的噪声。

也许一小群1事实上代表视线中出现了一个微小且/或遥远的物体。可能最好的做法是忽略这一点，尽管严格来说这并不是噪声——仅仅是因为这个物体可能与机器人手头的任务无关，或者它并不需要被直接处理。

然而，如果这群1的位置靠近之前已经检测出来的线条，那或许说明这条线需要再被延长一些。启发手段和（某些形式的）统计方法，特别是预测以及与知识库的比对，都是好的视觉系统中不可或缺的部分。

阈值调整

在出现缺失的1或者存在一小群没有连接的1时，一种可能的做法是改变相关特定像素的阈值。对于缺失的1，也许将阈值稍微调低一点就能让这些1再出现，而对于出乎意料的1，也许将阈值稍微调高一点这些1就会消失——不管是哪种情况，都会为我们感兴趣的那些点的像素性质提供更多信息。

[158] 也可以在关注像素附近的区域尝试这种阈值调整的过程。这种分析要么可以确定所有的 1 都有可能连接到之前发现的线上，或者正好相反，发现了这条线也许不像之前以为的那么长。值得记住的是，虽然初始阈值是临时选择的，但却非常关键，对阈值的小小调整很可能会大大改变所得图像的性质。

分段分析

分段分析（segment analysis）所采用的方法在许多方面与边缘检测相反，因为它的目标不是寻找像素之间的差异，而是寻找它们的相似之处。随后图像中被定位的分段或区域能够以边缘作为边界，如果需要的话，就可以通过前面介绍的技术来确定边缘。

虽然像素灰度值(也许没有用阈值处理)是形成分段的因素之一，但颜色等方面也很可能有助于完成分析。随后，一个分段可以表示图像中的一块特定区域，直接与物体相关，比如可能是一个人、一辆车或者一栋建筑。根据所讨论物体的类型与性质，可以对分段的形状和大小做出明确定义。

然后，可以直接将该分段的特征以及可能的表现关联到物体的特征和表现。因此，如果它是一栋建筑，那么从一帧图像变到下一帧图像时，它就不可能移动；如果它是一辆汽车，那么它就很可能会以特定速度移动，这与那辆汽车在特定条件下的情况相关联。

区域分析的最大优势是，一旦识别出特定区域，在后续图像帧中定位相同区域是相对简单的（因此也是快速的）。还可以研究它与其他区域的关系，从而预测未来的场景——然后可以将后续图像帧与预测或者预期的行为进行对比。

形成分段

可以通过**分割**（splitting）或**扩展**（growing）在图像中形成分段。如果采用分割分段法，则首先将图像分割成具有相似像素值的不同区域——这可以通过将灰度值划分成 0~50，50~100 等范围来实现，然后对各段范围内像素形成的区域进行调查。这样形成的每一个区域本身又可以用相同的方法，通过将范围收得更窄而细分成更小的区域，直到形成的各个分段的灰度值差异变化极小才停止。在随后的分析中，很可能有些更小的分段又再次连接到了一起——就像乐高积木块一样。

在扩展分段法中采用的是相反的方法，一开始选用很窄的像素值上下界，从而形成很小的**原子分段**（atomic segments）。每个分段很可能只包含少量像素。这个过程继续进行，选择一个原子分段并对其相邻分段进行调查。如果下个分段是类似的，或者根据先验信

[159]

息能联系到一起——或许是组成一个整体物体的不同分段——就可以将这些分段合并。然后对合并区域的相邻分段进行调查，可能会发生进一步的合并。如此继续下去，逐渐形成最终物体。

在分割分段法和扩展分段法中，都广泛使用了启发式方法来帮助确定使用的范围大小，原子分段的最少像素分组，组成整体物体（自身随后可能成为一个大分段）时预计用到的分段，等等。

颜色

颜色可以用来辅助检测边缘和分段，也可以辅助识别物体。然而在人工智能领域，这通常不是主攻的方向。不过，它在帮助理解图像时可以提供一份额外的信息。

为了让人眼理解一种颜色，人脑似乎会将三种颜色的信号（红色、蓝色、绿色）整合成一个混合的整体。

彩色摄像机能指示出与图像中红色、蓝色、绿色数量相关的信号——每个像素都会用三个单独的值来描述。如果需要，可以通过一个简单的颜色方程将这三项组合（相加），从而获得每个像素的整体颜色值。

[160]   因此，到目前为止介绍的所有关于黑白图像的分析方法都可以被执行三次，来对红色、绿色、蓝色值和／或整体颜色值进行分析。

特别有用的是在刚刚描述的分段法中，根据颜色来判断分段是否属于一致的区域。随后还可以用颜色帮助识别物体，进一步辅助图像分析，虽然这在实践中的应用有限。如果有坦克在袭击你，判断它是粉色的还是杏色的并没有判断它是一辆坦克那么重要。

图像理解

图像理解（image understanding）可能是视觉感官输入中最复杂的一项任务。事实上，视觉信息通常会和其他感官输入相结合，以便全面理解看到的东西，我们很快就会看到这一点。正如刚才指出的那样，颜色有时可以辅助整个过程，启发式知识（即我们预期看到的东西）也可以，主要的问题还是尝试理解被勾勒出来的物体。光是这项任务就能消耗大量的计算力——事实上，人类智能就是如此。

值得一提的是，有很多专门就这一主题而写的书。这里的目的只是对涉及的内容进行一个非常简略的介绍。

如果对潜在情境非常清楚，那么可能就只需要简单从少量潜在物体中确定看到的是哪一个。在这种情况下，我们的目标是拿图像与少量可能性进行比较，以确定哪个可能性最合适。也许关于可能物体的特定信息可以用于简单比较——例如特定的形状或者大小。然而如果需要的是更广泛的理解，我们就得研究得更深入一些。

积木世界

[161]   到目前为止我们已经获得了由线条组成的图像——类似漫画的感觉。然后就可以由这些线条构造出各种形状轮廓，实际的特征很可能取决于正在查看的潜在场景。一般来说，最简单的方法之一是假定所有线条都必须是直线（没有曲线），且所观察的世界只由块状物体组成——类似玩具城中的积木世界。

如果图像中有线条，为了组成物体，它们必须和其他线条连接。因此，首要任务是将那些连不起来的线条放到一边，重点关注那些能连起来形成实体物体的线条。接下来要决定哪些线是边界线——勾勒出物体的轮廓——哪些线反映了物体是凸起的（convex，向外突出）或凹陷的（concave，向内倾斜），是用来描绘物体特征的内部线。可以依次检查视野里的全部线条以做出判断，并得到一些块状的物体。

接下来就要做出进一步的判断，看一个物体是否搭在了另一个物体上面，或者它是否在另一个物体上投下了阴影等，也就是说，要对一个物体与另一个物体之间的关系有个概念。

移动

摄像机系统有可能被连接到移动的交通工具或机器人上，视野里的物体也有可能会朝不同方向且／或以不同速度移动，这些都是很常见的情况。因此大多数时候，视野里的物体会在图像中相对人工智能系统移动。一旦物体被选择，就可以从之后的图像中分割出来，根据时间从一幅图像跟踪到另一幅图像。

在某种程度上，这简化了接下来的图像分析，因为可以考虑到任何移动方向或移动模式，在之前图像中出现的位置附近查找物体。这还有个附加的好处是，就算特定图像受到光线的严重影响，或者物体被遮挡或隐藏，但物体的实际形状和身份都是已知的——它不必被视为未知物体。

检测移动没有一开始看起来那么容易。需要从一帧帧的图像中找出相对应的点、区域，甚至是像素。识别并在随后分割出物体可以使这个过程变得更简单。

三角测量

[162]

摄像机也可以用来相当精确地估计到物体的距离。参照人眼在头部的位置安装两个相邻的摄像机，就能实现立体视觉（stereo vision），简单地解决这个问题。如果两个摄像机都在观察同一个物体，并且能测量或计算出每个摄像机与物体之间的角度——可以简单通过物体在两幅图像中的位置得到答案——那么就能用三角形的正弦定律算出到物体的距离。这被称为**三角测量**（triangulation）。

为了精确计算出到物体的距离，我们还需要最后一条信息，那就是两个摄像机之间的距离，通常我们能知道这个精确的数值。如前所述，这种使用两个摄像机的做法称为**被动三角测量**（passive triangulation）。这项技术的主要问题是需要确定物体上某一特定点的精确位置，因为它分别出现在两个摄像机所拍摄的图像中，需要精准定位。这被称为**对应问题**（correspondence problem）。

对应问题的存在是因为我们需要将来自第一个摄像机所拍物体图像中的某个特定点与来自第二个摄像机所拍物体图像中的同一个点匹配上。这是一件很难的事情，因为我们无法保证第一幅图像中具有特定灰度值的像素就一定对应第二幅图像中具有相同灰度值的像素。两个摄像机之间光强度的差异通常会让这个问题变得更加严重。

主动三角测量

主动三角测量（active triangulation）是一种可以绕过对应问题的方法。将其中一个摄像机换成一个主动光源，例如激光发射器。一个激光光斑会被投射到物体上，可以从另一个摄像机的图像中清晰地辨认出这个光斑。然后就可以用类似的方式进行三角测量，计算出到物体的距离。与到物体的距离相比，激光发射器与摄像机之间的已知距离是非常小的。

激光

单独使用激光（lasers，没有摄像机）也可以精确测出与物体的距离。这种情况下系统会发射一束短暂的光脉冲，并测量光到达物体后反射回来所需的时间。因为光速是已知的，只需要简单将总的往返时间除以2，就能表示到物体的距离。还可以使用返回波形的其他方面（例如相位）来简化测量过程，同时也能表示出被物体吸收的光量。

通常激光可以用来快速扫描前方路径，以便指示与前景中物体的距离——这也算是一种激光图像。激光波束的宽度非常窄，因此可以相当精确地指示出到前景物体的距离，甚至还能帮助识别激光图像中的物体是什么。这类系统对室外行驶的大型移动车辆极其有用。

声呐

为了将到物体的距离指示得更精确，特别是如果在建筑物内，声呐（超声波）通常是更好的选择。事实上，这也是蝙蝠用来获取精确距离图像的技术。最重要的是，声呐传感器相对便宜、耐用且小巧，因此非常适合实验室规模的人工智能机器人。声呐的传播速度也比光速慢得多，这意味着精确测量距离要容易得多。不过不足的是，声呐波束的波幅宽度相当宽，因此不太擅长分辨物体是什么，但它很适合用来指示物体是否在那里。

声呐可以用于 50 英尺*以外的物体，但它的最佳工作范围最多只有几英尺。这个过程需要发射几个高频声音脉冲（通常是人耳能分辨的最高频率 20 千赫的两倍左右，也就是可以使用 40 千赫这个值），并通过信号往返所需的时间进行计算。由于声速是众所周知的，将总时间除以 2 后，可以精确算出到物体的距离。如果信号没有返回，则认为没有物体存在——不过有些情况下需要小心，因为信号有时会以一个奇怪的角度从物体上反弹出去，甚至在某种程度上被物体吸收掉。

[164]

声呐还有一个不足之处是，信号会被其他更高频的声音干扰，例如钥匙撞击发出的声音！然而，这种传感器相对容易操作，要破坏它们也很难！通常会成对购买它们（有时候会封装在一起），第一个元件用来发射信号，第二个元件用来接收反射的信号。

雷达

使用无线电信号来进行电磁测距的装置被称为雷达（radar）。基本原理与刚刚介绍的激光和声呐的原理相同——发射一个无线电信号，如果有物体存在，信号就会被反射回来。然后可以用总往返时

---

* 1 英尺 = 0.3048 米，全书同。——编者

间的一半计算出到物体的距离。

雷达特别擅长侦测到高反射金属物体的距离，但在短距离内对非金属物体的效果不是那么好（但绝不是不能测）。不幸的是，很多物体都擅长吸收无线电信号，这意味着需要更高功率来增加雷达信号的强度。除此之外，雷达通常需要一个非常大的天线将信号聚焦到很窄的波束宽度。好的方面是，一旦发射出去，信号就没那么容易被干扰。

虽然雷达过去并没有在人工智能机器人系统中得到大量应用，但现在已经有了一些比较小的、可靠的装置，只需要相对较低的成本就可以使用，这使其成为一些特定应用的可行替代方案。

磁传感器

像**簧片开关**（reed switches）这样的**磁传感器**（magnetic sensors）不是用来指示与物体的距离，而是用来检测在很近范围内的物体。开关由一个小管里的两片磁触片组成。如果附近有磁场（可能是由于磁体的存在），触片会闭合到一起，从而形成电子回路。

[165]

虽然可以非常简单地用单个开关来检测物体是否存在，但更常见的用法是将磁体附着到物体上或者嵌入其中。一旦物体移动并经过了一些开关，这些开关就会轮流闭合再打开，让我们可以对物体经过时的速度有个概念。这项技术可以用于各种目的。

微动开关

机器可以用很多工具来检测附近是否有其他物体。可能其中最简单的一种是机械式微动开关（micro switch），只要接触到物体就会触发。这种开关相对便宜，通常比较耐用，容易布置，同时它们与激光或声呐不同，是以一种被动方式工作，不会暴露机器人的存在。这对军事系统尤其有利。

这类开关可以被放置在机器人有可能与其他物体接触的各个位置。当开关被按下，就可以做出简单的决策。可用于在工厂工作的机器人身上，以确保安全。开关连接在机器人的保险杠上，如果保险杠接触到了东西，可能是人，就可以立刻做出"停止移动"这样的决策。对特定类型的军用机器来说，这个决策可能是当开关被触发时就自爆——例如地雷就是这样。

接近传感器

微动开关的一个问题是，必须与物体进行了实际接触开关才会工作，从而才能做出决策。好处是它适用于任何物体——要被检测的物体不需要以任何方式进行改变。磁性开关是近距离测量的另一种选择，但这项技术要求被检测的物体内部或者表面有磁体。

其余诸如电感或电容等可以用于近距离测量的方法也有相同的

问题。例如在电容技术中，电容器的一块极板必须放在机器人身上，　[166]
而另一块极板必须放在特定物体上——两块极板之间的电容根据它
们之间的距离而变化。如果物体向机器人靠近，测出的电容就能反
映出这一点。重要的是，机器人和物体并不需要相互接触。

射频识别装置

也许当今最广泛使用的近距感测（proximity sensing）方法之一
就是**射频识别装置**（radio frequency identification device，通常称为
RFID）技术。它基于两个线圈之间的相互感应——一个在 RFID 中，
一个在激励发射器内。RFID 本身可以是智能卡或者小管子的形式，
能植入到物体中——要么是生物式的，要么是技术式的。

激励发射器有电源连接。当 RFID 接近时，通过射频信号在 RFID
的线圈内产生了感应电流。这个能量只是用来将预先编好程的识别
码发回到原本的激励发射器，发射器可以与计算机相连。这样如果
有携带特定 RFID 的特定物体在附近，计算机就会知道。

这就是很多宠物用的识别标签（宠物护照）的原理，发射器和
RFID 的距离需要在几英寸*内，以保证有足够的能量进行发送。为
了顺利运转，RFID 可能只有米粒般大小。发射器也可以被放置在整

---

*　1 英寸 = 2.54 厘米，全书同。——编者

个建筑物中（例如在门框内），这样当携带 RFID 的实体在（集成计算机的）建筑周围移动时，计算机将随时接收到实体所在位置的信息，从而由此做出适当的响应。这项技术可以用于建筑安全，可以根据人或物体是否已经被清空来打开或关闭大门。这种情况下 RFID 需要大得多，通常有一英寸长，或者是以智能卡的形式出现。这项技术也可以用来指示从特定点经过的物体——如果是物品从商店中被盗，就会发出警报。但最激动人心的用途是"智能"建筑，计算机根据 RFID 的信息操作建筑中的基础设施——可能是打开房门，调亮灯光，甚至是根据人们所在位置，正在朝哪里走等信息与个体进行交流。

[167]

触觉

我们的技术正在迅速发展，可以为机器人创造（类似人类的）手，或者为人类截肢者提供替代手。这种手的机械设计以及抓握能力显然都很重要，能获取的感官反馈也很重要。在手指处使用微动开关也许是最容易的方法，只需简单检测是否有触摸到物体。

一种可行的方法是在衬垫上安排一组微动开关的小栅格，通过查看有哪些开关被触发来了解所触摸物体的形状——或者至少看看如何触摸这个特定物体。反过来，相比使用简单的开闭开关，还有另一种非常可行的方法是通过力传感器来获取信息，它能指示手指在接触物体时施加了多大的力。这条信息在指示机器人的手需要多大的力来保持抓握时非常有用。

还有一些技术可以用来指示下滑，因此可能需要施加更大的力来避免物体掉落。有一种方法是在手指中安装一种滚筒——如果物体滑动，滚筒就会旋转。另一种方法用到了一个小型麦克风——物体的滑动会造成音频信号的反馈，声音的响度就表示了滑动的程度。

用于触觉的材料

对于特定的应用，也许与物体接触的材料并没有直接的重要性——可能只用到了一个简单的开关。然而，对于通用的触觉感知，使用的材料类型至关重要。例如，它通常需要非常敏感并且能快速反应，还需要耐用和应对不同的温度。导电橡胶（conductive rubber）就是一类用途相当广泛的材料，但在这个领域里，正在进行的研究总是最关键的。

力传感

[168]

也有可能通过测量力对手臂关节或者手腕的影响，来间接了解施加到物体上的力有多大。这类测量最常见的方法是使用**应变计**

（strain gauge）。应变计是一种极其可靠、耐用并且成本相对较低的设备，非常容易连接和操作。它提供了三种旋转力的信息——俯仰、滚动与偏航。

应变计本质上是一段缠绕的电阻丝。由于被施加了力，它的长度会发生改变，从而导致电阻改变，电阻变化的幅度与长度的变化成正比，因此可以被直接测量出来。虽然这种设备非常灵敏，但不幸的是，哪怕只是温度的微小变化，也会对它产生影响。

光学传感器

光学传感器（optical sensors）通常用来测量类似机器人关节或者车轮等物体移动的距离。主要原理是光学编码器—— 一组交替的透明和不透明的条纹——利用光电晶体管检测到的光。光学编码器直接连接在机器人的手臂上，随着它在光源与光电晶体管之间的移动，系统产生了一系列脉冲，由此指示了机器人的移动。

光学编码器可以是线性的（本质上是一个扁平表面），也可以是有角度的（一个圆盘）。同一类型的电路可以用于近距感测，检测物体何时进入或离开光束范围。可以购买一个同时包含红外线光源以及光电晶体管的套装，光电晶体管在槽的一侧，红外线光源在另一侧。这被称为光断续器（optical interrupter）。

红外线探测器

红外线探测器（infrared detectors）本身就是一种极其强大的传感设备，它们能检测红外辐射。红外线主要能指示出物体正在散发的热量。典型的红外线探测器通常由光电晶体管或者光电二极管组成，设备的电气特性会直接受到被测红外线信号强度的影响。它们通常成本相对较低且非常耐用。

[169]

测量红外线信号的设备在夜间尤其有用，因此常用于军事领域。事实上，在明亮的阳光或者高强度的室内光照下，这类传感器不能很好地工作。对机器人人工智能而言，它们作为一种额外的传感器，在检测物体热量时非常有用。它们也能以类似声呐传感器的方式使用，通过物体反射的红外线信号来检测物体的存在（以及距离）。然而，在实验室环境中，光强度可能引发相当大的问题，甚至使红外线探测器几乎无法发挥作用。

音频检测

我们前面曾经讨论过让人工智能系统与人类交流，导致人类无法区分系统和人类——这是第 3 章图灵测试讨论的内容。但这基于的是键盘输入和屏幕输出的设想。计算机系统也很有可能对不同的声音进行检测并做出响应。

声音越明显，问题就越容易解决。只有当信号振幅急剧上升到达初始峰值时才能使用起始点检测（onset detection）。拍手或者巨响都是很容易检测到的信号。然而，研究机器人交互的学者们更感兴趣的是**语音端点检测**（voice activity detection，VAD）。

在 VAD 中，音频信号中特定的值或特征被用来使机器人或计算机系统以不同方式工作。一旦获取了音频特征，就可以根据观察到的信号性质对结果进行分类，特别是如果它已经超出了之前指定用来确定信号类型的阈值水平。

带噪声的 VAD

音频输入中通常存在大量噪声（例如背景噪声）。这意味着需要在被检测为噪声的人声与被检测为人声的噪声之间寻找折中方案。在这种情境下，通常希望 VAD 是具有故障保护（fail-safe）的，即使决策存在疑问，也还是把检测到的语音都显示出来，这样可以降低丢失语音段落的概率。

[170]

强噪声条件下的 VAD 遇到的一个问题是语音中停顿所占的百分比，以及检测到的语音停顿和再次开始的分割端点是否可靠。虽然使语音活动中停顿所占百分比变低可能是有用的，但为了保证质量，应该尽量减少可能造成有效语音开始部分丢失的裁剪。

电话营销人工智能

预测拨号是 VAD 在人工智能系统中的一项有趣应用,这在电话营销(telemarketing)公司中被广泛使用。为了最大化(人类)业务员的工作效率,这类公司使用预测拨号,拨出电话的数量要超出其拥有的业务员能响应的能力,因为他们知道大部分的电话最终会无人接听或者接通的只是自动答录机。

如果有人应答,他们通常会说得非常简短,也许只是一声"你好",然后就会有一段短暂的沉默。而自动答录机通常会有 10~15 秒的连续语音。不难设置好 VAD 的参数以判断接电话的是人还是机器,如果是人,就将电话转接给有空的业务员。重要的是,绝大多数情况下,系统能够"正确"工作——它不需要表现得完美无缺。

如果系统判断对方是自动答录机,就会挂断电话。有时候系统正确判断出了接听电话的是人类,但是没有空闲的业务员,就会导致对方在电话中大喊"你好,你好",疑惑为什么另一头没人说话。考虑到成本效益,预计未来几年人工智能将会在这个领域得到更加广泛的应用——尤其是在根据对方接听电话时说的第一句话来检测其性格特征(潜在的购买力)方面。

嗅觉

　　自动化的嗅觉（smell）被称为**机器嗅觉**（machine olfaction）。与经典人工智能技术一样，实践中它主要基于尝试在某种程度上对人类嗅觉进行复制，尽管这是非常个体化的主观感觉。底层技术仍处在相对早期的发展阶段，但是广泛的潜在应用领域表明商业的驱动力也许就在眼前。这项技术在诸如药物与爆炸物检测、食品加工、香水制造以及化学化合物监测等方面都有着应用机会。

　　电子鼻（electronic nose）是机器嗅觉主要的实现手段。它由传感器阵列组成，有附加的电子设备可以将气味转换成数字信号，并能像计算机一样进行数据处理。然后整个鼻子系统会将传感器的响应转换成气味输出。对鼻子进行"训练"，让它认识目标气味；之后就可以要求它"识别"一种未知气味是否与初始训练时的气味类似。

　　电子鼻还可以用来监控环境中的有害物，特别是用来测量排污系统，确保它们正常运行。然而，大多数这类传感系统还相对较大，很多情况下不太容易携带。它们执行分析的速度也相当慢，可能需要一段时间才能准备好进行第二次或者进一步的分析。因此，目前它们在人工智能系统中起到的作用还比较有限。

味觉

就像嗅觉有电子鼻一样，味觉（taste）也有电子舌（electronic tongue）。同样，这更像是一个复制人类味觉的问题。用传感器来检测人类味觉感受器感知到的相同的有机或者无机化合物。对于某种特定的味道，来自不同传感器的信息融合到一起，以适应独特的识别模式。在这种情况下，很明显电子舌的检测能力要比人的舌头敏感得多（也就是好得多）。

来自电子舌的感官结果是用类似人类的方法处理的。通过模式识别来理解产生的电子信号——试着将一组新的传感器读数与记忆中的味觉范围数据库相匹配。由于传感器的性质，液体样本通常可以直接分析，而固体样本就需要溶解后才能处理。获得每个传感器的实际读数与参考电极值之间的差异，并用于之后的计算。 [172]

电子舌（看起来一点都不像我们的舌头）有许多应用领域，尤其是，正如你可能猜到的那样，在食品与饮料行业。这里面包括对调味的评估，以及出于质量目的对各种酒精和非酒精饮料进行的分析。应用范围还包括糖浆、各种粉末以及可溶性片剂。如果需要的话，盐和咖啡因的检测器成本相对较低且容易操作。

然而，电子舌通常不是设计出来让小型移动机器人携带的。味觉是因为人类营养而特有的存在，因此它在人工智能系统中能起到的作用是有限的——事实上，在人工生命中根本没有真正的用处！

由于其标准化的特性及可靠性，它的主要用途是为人类味觉测试提供技术辅助。

紫外线检测

紫外线是一种电磁辐射的形式。它的波长比可见光短，但是比X射线长。之所以被称为紫外线，是因为组成它的电磁波频率要比被识别成紫色的电磁波频率更高。人类无法直接感知到紫外线，但其却大量存在于阳光或电弧和其他现象中。

光电二极管能相对容易地检测到紫外线；事实上，有各种相对廉价的检测设备。它们中的大部分都非常小，当然也很便携。通常它们是基于对用于检测可见光的传感器的扩展——因此，它们有时候会因为对可见光产生的不良反应，以及天生具有的不稳定性而遇到麻烦。

紫外线传感器有可能在人工智能系统中派上用场。在这种情况下，如果机器人的能源供应中含有需要通过阳光充电的太阳能电池，它们就特别有用——因此它们在现实的人工生命机器人中能发挥作用，例如可以用传感器来指示机器人需要面朝哪个方向才能充电。

[173]

X 射线

X 射线的波长比紫外线更短，但是比伽马射线长。通常认为人眼是看不见它们的，但极端实验表明，在特定情况下人们可能会对其有一些轻微的感知。医学应用中通过向金属靶发射电子来产生 X 射线——生成的 X 射线被人体骨骼吸收，但人体组织吸收的量不多，因此可以用感光片来获取向人体部位发射 X 射线所产生结果的二维视觉图像。

实际上有各种各样的 X 射线传感器可用，半导体阵列探测器就是其中之一。它们一般体积小、便携，通常准确可靠。因此如果有需要的话，它们可以用于人工智能系统。

结语

相比人类智能，人工智能的一大优势是感官输入的潜在范围极其广泛，而人类的感官能力是有限的。除了这个限制之外，人类能感知到的信号频率范围也非常小——单是红外线的光谱，就远比可见光光谱（人类的主要感官输入）要宽。

人工智能有可能感知那些人类无法直接使用的信号（除非转换成人类能感知的形式，例如将 X 射线转换成二维视觉图像）。正如我们所见，X 射线和紫外线可以作为机器的感官输入，伽马射线、微波、水蒸气检测等也可以——本章内容只是概述了一些最典型的用法。

然而，我们在经典人工智能中已经看到，有一个关于智能的通用问题，即人类思维在构想非人类应用时的能力是有限的，例如那些可能对机器人有用的应用。因此，目前大部分非人类应用的传感器都将信号转换成了人类可以感知的能量形式，例如 X 射线视觉图像。人工智能系统一定会更充分地挖掘其感官输入的潜力，使自己的能力随着时间的推移得到明显地提高。

[174]

关键术语

原子分段（atomic segments），对应问题（correspondence problem），整体平均（ensemble averaging），灰度（grey level），扩展分段（growing segments），局部平均（local averaging），机器嗅觉（machine olfaction），模型匹配（model matching），被动三角测量（passive triangulation），模式匹配（pattern matching），图像矩阵（picture matrix），像素差分（pixel differentiation），点跟踪（point tracking），射频识别装置（radio frequency identification device），簧片开关（reed switches），分割分段（splitting segments），应变计（strain gauge），三角测量（triangulation），语音端点检测（voice activity detection）。

延伸阅读

1. *Computer Vision: Algorithms and Applications*，作者 R. Szeliski，出版商 Springer，2010 年出版。这本书讨论了计算机视觉的发展现状，遇到的问题以及用到的算法类型。如果要继续了解本领域的最新进展，这当然是个好的选择。

2. *Making Robots Smarter: Combining Sensing and Action through Robot Learning*，作者 K. Morik, M. Kaiser 和 V. Klingspor，出版商 Springer，1999 年出版。这本书对本章或者上一章来说，都是很好的扩展。它把机器人的学习当成了传感器 / 动作反馈回路的一部分。

3. *Autonomous Mobile Robots: Sensing, Control, Decision Making and Applications*，作者 S. S. Ge，出版商 CRC Press，2006 年出版。这是一本内容全面的参考书，着眼于本领域的理论、技术和实践等方面。它详细解读了涉及的关键组件，包括传感器和传感器融合。

4. *Robotic Tactile Sensing: Technologies and System*，作者 R. Dahiya 和 M. Valle，出版商 Springer，2011 年出版。该书对机器人触觉进行了深度介绍，包括形状、纹理、硬度以及材料类型等问题。它的内容全面，包括在手指和传感阵列之间的滚动。

术语表

包容架构（subsumption architecture）：智能行为被分解成几个简单的行为层，每一层都有自己的目标，层次越高越抽象。

被动三角测量（passive triangulation）：使用双摄像机系统来测量到物体的距离；需要知道两幅图像中对应点的位置，以及摄像机之间的距离。

常识性知识（common sense knowledge）：普通人知道的事实和信息的集合。

点跟踪（point tracking）：通过连接已被选为边缘候选的点来跟踪图像中物体的轮廓。

多智能体（multiagents）：用一种合作的方式使用多个智能体，每个智能体为问题提供一部分答案。

反射型智能体（reflex agent）：忽略历史数据的智能体。

分割分段（splitting segments）：通过将图像分割成具有相似像素值的区域来为图像分区的方法。

符号处理（symbolic processing）：像在传统计算机编程中那样，使用高级符号创建人工智能。

副现象（epiphenomenal）：可以由身体作用产生的心理状态，但本身不会对身体产生输出结果。

感知器（perceptron）：二元分类器，是神经元模型中最简单的形式。

缸中之脑实验（brain-in-a-vat experiment）：一个哲学争论，大脑不具身地活着，但也充分体验了生活。

簧片开关（reed switches）：通过施加磁场来操作的电气开关。

灰度（grey level）：用于表示在黑色和白色之间的图像像素。

基于目标的智能体（goal-based agent）：一种自治实体，会观察并作用于环境，也会指导自身活动以实现目标。

机器人三定律（three laws of robotics）：艾萨克·阿西莫夫设计的一套规则，据此对机器人编程，规定了它们如何与人类相处。

机器嗅觉（machine olfaction）：机器的嗅觉。

基于模型的智能体（model-based agent）：一种能够处理部分可观测

环境的智能体。它的当前状态被存储下来，描述了在环境里看不见的部分。这种知识被称为世界模型。

集体智能（collective intelligence）：个体之间合作产生的共享或群组智能。

局部平均（local averaging）：将像素值替换成局部像素的平均值。

局部搜索法（local search）：在问题候选解中从一个解移动到另一个解，直到找出最优解为止。

具身化（embodiment）：给大脑（或者人工神经网络）一具身体，使其可以与真实世界相互作用。

框架（frames）：一种用于将知识划分成子结构的人工智能结构。

扩展分段（growing segments）：一种通过关联像素值相似的区域，以原子分段为起点在图像中扩展区域的方法。

模糊树（fuzzy trees）：将数据库分割成不同区域的方法，同一条信息可以（在某种程度上）出现在多个分支中。

模式匹配（pattern matching）：在图像处理中，将多个候选边与之前定义的边模式进行比较。

模型匹配（model matching）：将图像中的候选边与边模型匹配。

爬山法（hill climbing）：一种迭代过程，尝试通过进行小的更改来找到更好的解。如果更改产生了更好的解，就保留新的解，重复此过程，直至找不到进一步的改进。

普通询问者（average interrogator）：图灵取的名字，代表一个典型的个体，作为裁判参与模仿游戏，尝试区分机器与人类。

强人工智能（strong AI）：机器能像人一样思考。

人工神经网络（artificial neural network）：使用计算、数学或者技术模型相互连接的一组人工神经元（脑细胞）。

人工生命（artificial life）：通过技术手段重新创造生物生命。

弱人工智能（weak AI）：机器能展现智能，但不一定像人类心智那样具有意识。

三角测量（triangulation）：通过测量已知点与某点的角度来确定到该点的距离。

射频识别装置（radio frequency identification device）：为了识别目的，利用无线电通信在标签与读取器（计算机）之间交换数据的技术。

时序差分算法（temporal difference algorithm）：一种学习方法，其中估计的奖励与实际获得的奖励之间的差异会与反映未来奖励的刺激相匹配。

适应度函数（fitness function）：用于根据遗传算法种群成员的不同特性来计算其总价值。

水桶队列技术（bucket brigade technique）：用于将奖励从一个规则传递到另一个规则的体系。

贪心最佳优先搜索（greedy best first search）：使用启发式方法来预测路径的终点离解有多近；那些更接近解的路径被首先扩展。

图像矩阵（picture matrix）：用来表示所查看场景的图像像素值数组。

线性可分问题（linearly separable problem）：当表示为模式空间时，只需要一条直线就可以将空间中一种类型的所有模式与另一种类型的所有模式分开。

像素差分（pixel differentiation）：图片元素之间值的变化率／差异率。

新媒体（new media）：20 世纪后半叶出现的媒体。在用户反馈和创造性参与下，可以随时随地，在任何数字设备上根据需要访问（数字化的）内容。

学习型智能体（learning agent）：一种可以在未知环境中工作，并通过学习来进步的智能体，它会利用反馈来决定如何修改自己的表现。

伊甸园模式（Garden of Eden patterns）：在元胞自动机中，不能通过任何前序模式变化得到的特定模式。

意识（consciousness）：主观经验，认知，以及对心智的执行控制。

应变计（strain gauge）：用来测量物体应力的设备，通常随着材料长度的变化带来电阻的变化。

语音端点检测（voice activity detection）：能够检测人类语音是否存在的技术。

元胞自动机（cellular automata）：一种规则的元胞网格，其中每个元胞都有受相邻元胞影响的有限状态。

原子分段（atomic segments）：在图像扩展分段法中使用；最初识别出来的，由灰度值非常接近的像素组成的小分组。

整体平均（ensemble averaging）：同一个像素在不同时间步中的平均值。

自由意志（free will）：不受约束做出选择的能力。

最佳优先搜索（best first search）：通过在下一层级扩展最佳的（最有希望的）选项来探索问题。

最速下降法（steepest descent）：要用最速（或梯度）下降法找到函数的局部最小值，所采用的步长与函数在某个点的梯度成正比。

索引 [*]

---

* 索引中的页码为英文原著页码，即本书的边码。

符号处理, symbolic processing 68

副现象, epiphenomenal 70, 73

复杂行为, complex behaviour 122

G

感知, sensing 16, 146-174

感知器, perceptron 2, 94

缸中之脑实验, brain-in-a-vat experiment 65

更低能力的行动, lower competence action 113

共同进化, co-evolution, 128

共享智能, shared intelligence 135

股票市场预测, stock market predictions 135

光学传感器, optical sensors 168

广度优先搜索, breadth-first search 45

规则优先级, rule prioritization 43

国际象棋, chess 48

H

哈尔9000, HAL 9000 9

海豚, dolphins 20

《黑客帝国》, Matrix, The 66

黑猩猩, chimpanzees 15-16, 63

红外线探测器, infrared detectors 168

后向链接, backward chaining 36

滑块, gliders 121

簧片开关, reed switches 164

灰度, grey level 149

混合系统, hybrid systems 138

J

奇点, robots singularity 74

激光, lasers 163

积木世界, blocks world 160

《机器的进军》, March of the Machines 10

机器人, robots 110-144

机器人技术, robotics 6, 106, 112

机器人老鼠, robot mouse 132

机器人三定律, three laws of robotics 75

机器学习, machine learning 52

基因池, Gene Pool 128